高 文振 著

品牌創業

Brand
Entrepreneurship 4.0

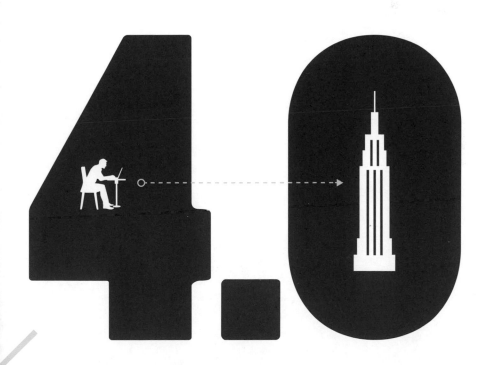

創業新時代，小資也能輕鬆為王

CONTENTS

CHAPTER **2**

商業模式

打造新創獨角獸，跳脫傳統市場既定框架。

CHAPTER **3**

品牌行銷

短期創造產品銷售，長期累積品牌資產。

CONTENTS

獻給那些60%
不斷試錯的創業家們

　　企業有兩種成長方式，一種是試錯型的成長，一種是戰略型的成長。近年來創業成功的機會之所以不高，絕大多數不是因為外部條件的問題，而是缺乏戰略性的創業思維。很多的創業家依靠的是感覺和經驗，屬於試錯型。在資金鍊斷裂之前，如果碰巧找到了成功的盈利模式就能夠生存下來。但大多數卻相反，在找到正確的創業道路之前，就把錢給燒光了。商場如戰場，企業的競爭就是戰略的競爭，事業的失敗絕大部分源於戰略的缺失。經營事業就像戰地指揮官一樣，凡事都要經過縝密思考、精心策劃、以終為始的倒推出最佳創業方案，進而以最小的投入，最快的速度直達目地。從台北到日本，高鐵一定到不了，搭飛機往東飛也永遠到不了北極，所以選擇比努力更重要。希望有了這本書，創業家們都可以從試錯型的成長進化成戰略性的成長。用系統性的方法讓企業成功變得更加快速而且高效。

　　過去20年來，我曾經服務過無數的國際知名品牌，拿過70多座國際創新行銷獎項和經營績效獎項。我是少數創意出身能在五大4A外商廣告集團身兼業務副總和執行創意總監的廣告人，而且在數位萌芽的年代，我也橫跨

傳統廣告和數位行銷兩大領域，甚至在大學當了兩年的專任助理教授，當過上市科技公司的全球行銷長，上任不到一個月，我就讓排名第33的行銷部門變成績效滿意度第一名，而且一年內沒掉過前三名，我的人生簡直一帆風順到不可思議。

我曾經認為客戶很傻、老闆很傻，我常想要是創業了，我一定是那個最懂得用創意做生意的創業家，但真的創業之後，我開始在創業的賽道上不斷的遇到挫折，我們在創業之初曾連續連贏14場比稿，打敗許多國際知名的廣告公司，但每次增加一個新客戶我們就要增加更多員工，我們必須墊出更多的資金，現金流永遠都不夠。

很多人覺得我們夠好了，那是因為大家只看到我們光鮮亮麗的那一面，卻沒看到身為一個老闆我在夜裡不敢睡覺，深怕明天公司發不出薪水的那一刻，我總是在白天神彩奕奕口沫橫飛的跟客戶開會，晚上痛快的跟同事慶功，但是到了半夜公司只剩我一個人時，我就坐在我的辦公室裡大哭，我向來倔將從不輕易流淚，但我常覺得自己好像帶軍出征的將軍，好不容易把匈奴逼到了天山腳下，一回頭才發現彈盡援絕、孤立無援。在創業時，我感覺自己騎虎難下身陷泥沼，越想掙扎就沉得越深，因為創業之前頂多沒錢，但創業失敗可能會揹上幾千萬的債。為了公司我再也不敢驕傲，感激那些願意給我們機會的客戶，感謝那些為了幫我圓夢卻不斷熬夜加班的員工。

創業一年後。我們拿下了台灣最佳新創公司獎、台灣最佳數位廣告代理商獎、台灣最佳社群內容行銷獎、最佳數位內容行銷獎、最佳經典媒體行銷案例、最佳視覺設計獎、最佳廣告文案金句獎……不只有獲獎無數，連營收也突破了1億新台幣。以一個創業家來說，算是交出了一張還不錯的成績單，連動腦雜誌都把我們比喻為不景氣時代，奔騰不止的黑馬。但我仍常在公司待坐到天亮，房間有兩張沙發但我總是坐在辦公椅上睡著，因為我不敢閉眼，每天都擔心一覺醒來，公司就不在了，那種壓力創業過的人就一定能體會。

　　台灣一年有高達90%的新創企業倒閉，剩下的10%會在三年內陸續倒閉，能夠存活下來的公司不超過3%。我終於知道，一個企業家創業成功與否，需要的不只是專業能力，你還必須熟知以前從未接觸過的領域，例如看懂財務報表、制定業務計劃、為自己公司打造品牌，讓別人知道你公司的存在……於是我花了每個假期，在國內外學習各種課程，許多高階課程甚至高達兩萬美金，這些課程雖然昂貴，卻給了我許多知識和啟發，因為不學習而失敗的代價更大。

　　在很多創業課程和聚會中，我看到了許多跟我一樣的創業家，經歷過事業和家庭的煎熬，許多人站在台上放聲大哭，分享他們在創業過程中的痛苦。所以我在創業恩師實踐家教育集團董事長林偉賢老師的見證下，承

諾我必將用自己的力量去幫助每位在創業道路上白手起家、披荊斬棘的朋友。我努力擠出每天中午跟晚上休息的時間，義務輔導創業家們解決事業上的問題。三年下來累計了超過800場的創業輔導案例。過程中，我聽到了許多可歌可泣的故事，分析研究了每一間公司面對的挑戰，才發現有60%的創業家遇到問題其實都一樣。於是我開始著手撰寫這本書，希望把過去學到的創業知識和品牌行銷經驗，分享給更多創業朋友。其實跟那些傑出的創業家相比，我也只是僥倖存活的小白，出這本書的目的不是為了證明自己到底有多成功，而是希望透過知識的分享，能夠認識更多志同道合的夥伴。

在收集這本書的案例時，我看了很多對岸年輕人的創業故事，很多人30歲不到，就擁有數十億資產，但過不了三年，就灰飛煙滅剩下一屁股債。很多不敢創業的朋友們總是會嘲笑那些勇敢過、努力過，想證明自己價值卻失敗的年輕人。其實人生最大的失敗就是不參與，因為人生就是由無數挑戰所交織而成，沒有人能保證誰創業一定成功，但一定可以保證，失敗越多的人離成功的機會就越近。

如果問我，為什麼要創業？我想問你，為什麼不創業？

—— 未來方案執行長　高文振

● 導論

台灣的大創業時代

開啟 GPS 導航
畫出自己的事業版圖

台灣創業家的迷思

當台灣小確幸
遇到大陸飢餓創業狼
如何因應

很多人覺得現在創業好像比以前難,事實上這個世界每天都在高速運轉,推陳出新的科技與思維不但影響了人們的生活,也影響了大家的消費決策過程。過去台灣與大陸最主要的經濟產業是全球代工廠,只要有工廠就能生產變現,所以從小我們就以為「只要我們用心製造出好產品,自然就有人會把產品變成錢」完全缺乏品牌思維。即使Apple手機一支售價好幾萬,我們的代工費用也才幾百塊,我們唯一的優勢就是優質的技術與低廉的工資。當技術不斷被新技術取代,最後只剩低廉的工資還在。我們與世界的價值差異變得越來越大。

台灣現在檯面上的大企業幾乎都是在過去30~50年前創立的,那個時代是全球經濟飛漲的年代,幾乎只要能把產品生產出來就一定能賣掉,因此我們專注於產量、質量。但現在是產品供過於求的時代,已經很難再找到沒有競爭者的產品,我們再用30年前的創業方式去思考肯定不夠全面和完整。

我曾經和大陸知名企業家聊起兩岸的經商差異，他們覺得台灣企業家認為「賺錢就是從顧客手中取得獲利」感到非常奇怪，因為從顧客手上賺錢或是以物易物的交易方式，其實是原始人發明的，那個時代如果你想要一根長毛象的象牙，你會去海邊撿貝殼，再用貝殼去交換象牙，貝殼就被當作貨幣來使用。現在如果你想要一樣物品，只要打開淘寶線上交易，連貨幣都不用拿出來物品就寄到你的手上來了；或許，你認為這還是以物易物的交易方式啊！這時候我們不妨觀察「為何京東購物賠錢了十年，但市值還高達數百億美金！」難道購物利潤真的是他們主要的營收來源嗎？真正的答案是：從資本手中取得股權投資，才是他們拿到錢的主要方式。

台灣人創業習慣依據資本額及出資額來制定股權比例，但我們來看大陸一個例子：OFO小黃車是一間2014年由幾位不到27歲的復旦大學畢業生創立的大陸第二大的共享單車公司，為了跟第一大的對手摩拜單車決一高下，出讓手上的股權從資本公司手上拿到大量資金，然後投入相當於台灣的總人口數的2300萬輛共享單車在各地，以蠶食鯨吞的快速手法，佔領中國各個城市的每個角落。雖然最後功敗垂成，創辦人慘被撤換，但我們應該想想，如果OFO一步步成長，賺了一點錢再買兩台車、再賺一點錢再將車部署到下個城市，用多少錢辦多少事，也許感覺安穩，較貼近我們的商戰思維，但或許他們在創業初期就會像其它根本沒聽過的共享單車品牌一樣，還沒等到開花，就發現到處都是你的競爭者。OFO靠著出讓股權拿到大筆資金，將產量加大價格壓低，瞬

間遍佈每個能夠停放單車的地點，競爭者根本還沒開始部署就被逼退。所以到底是先拿到資金搶佔市場容易？還是等到賺到錢再來跟競爭者一較高下容易呢？

不同時代的致富速度

時代	致富關鍵	致富速度
狩獵時代	從捕獵變畜牧	二代
農業時代	從農夫變地主	一代
工業時代	從工人變工廠	五十年
資訊時代	從網民變平台	十五年
知識時代	從輸入知識到輸出知識	十年
資本時代	從顧客身上賺錢變成從資本市場獲利	三年
注意力經濟時代	從品牌變成IP	一年

商業戰場上的大陸狼與台灣小綿羊

十年前大陸高等教育畢業生人數不過才570萬，現在每年卻製造出將近820萬的專科、大學及碩博士生，而且不斷成長著，但市場上並沒有那麼多公司可以吸納這些畢業新鮮人，所以年輕人能找到工作的比率不到八成。

為此中國大陸展開了一連串的經濟改革政策，例如「全民創業、萬眾創新」，鼓勵年輕人離開校園就去創業，希望能藉此增加更多創業家與就業機會。過去大陸是世界代工廠，大部分的企業家不是「擁有土地」的開

發商，就是「擁有工廠」的大企業，但是不管是開發土地還是開設工廠，需要的創業資金都不是一般人隨便就能辦到的。可是自從阿里巴巴、京東、騰訊、美團……等創新企業崛起，擁有創新想法的年輕人只要有好的商業模式，即使是用小錢創辦的公司一樣能創造出驚人的營收，於是政府提出「全民創業，萬眾創新計畫」只要數百萬的畢業生中能誕生一位像馬雲這樣的創業家，就能為大陸帶來四五萬的就業機會。於是大量的年輕人開始帶著創新商業思維進入市場，間接帶動了整個中國的行動互聯網革命，不但創造了經濟與科技的發展，還產出了許多獨角獸企業（未上市但估值超過10億美金的公司）直接解決了就業率和經濟成長的問題。為了幫這些年輕創業家成功，更建了兩萬多個租金低、設備新的創業孵化基地，同時提供許多資金和募資管道，因此每個青年都如狼似虎的想要積極投入創業狂潮中。

　　這些從小學習創業的年輕人就像狼一樣擁有高昂的戰鬥意志，雖然他們不斷提高了整體的創業失敗率，但即使倒閉回到企業當個上班族，這些失敗學到的創業經驗，更能幫他們在職場中擁有更多的能力與高度。反觀台灣，我們從小教育孩子成為一個安逸的上班族，不要追名逐利、不要慾望太多、當老闆很辛苦……。這些想追求小確幸的綿羊群畢業後，要嘛有天去幫狼上班，不然就是有天創業後在商場上遇到，一不小心就成了狼群的獵物。因此鼓勵並幫助台灣年輕人創業，並且走向世界舞台是台灣刻不容緩的事情。

中國創業環境的崛起

由於語言、文化及地理位置的關係，台灣最直接的競爭和市場都跟大陸具有高度關係，想創業一定要知己知彼。據2018年 IMF統計，中國的總體GDP為全球第二，僅落後美國（台灣排23）；但中國個人GDP卻只排名全球72（9376.97美元），而台灣是全球第19（5.23萬美元）。中國總體跟個人GDP差距懸殊的主要原因是來自於城鄉收入的差距。像北京、上海這樣的一級城市，收入接近於一個小國家，但鄉村的差距卻大大拉開了水平。早期中國政府希望能夠打破城鄉差距，將鄉村的土地以極為優惠的方式，提供給開發商出錢進行開發。開發商拿到土地後，便跟銀行貸款進行規劃，從興建大型商場、規劃公共建設到蓋居民住宅。對開發商來說，雖然開發大片土地得花很多錢，但蓋起來的住宅和商場卻可以變成實體資產，把開發的資金賺回來。對地方政府來說，開發商出錢出力來幫忙建設，也解決了政府需要籌措開發經費的問題。因此過去中國經濟的主要成長動能，可以說是土地開發帶來的經濟增長。

但這幾年因為地方建設過度發展，也陸續發生了許多問題。開發商開發郊區土地急於回收成本，導致房價越來越高，鄉村青年的薪資卻沒漲太多，漸漸地追不上房價增長。縮短城鄉差距的同時也縮小了城鄉的物價。

於是中國政府開始推出另一項經濟動能的轉換計畫。經濟要好商業就必須繁榮，以前成立公司需要錢，創業家

就必須跟銀行進行創業貸款，但年輕人並沒有可以提供給銀行做抵押擔保的不動產，因此銀行不會借錢給你。想要落實「全民創業，萬眾創新」就必須提出更多的創業配套方案，這個新政策叫「產業創新，資本孵化」。跟銀行借錢時由於銀行只想賺你的利息錢，他們根本不看你的生意，也看不懂你的生意，所以只會借錢但不會想要投資中小企業。於是中國從歐美引進了資本投資的生態產業進來，這些稱為創業投資或風險投資的資本公司（簡稱創投或風投）專門投資未上市的新創企業，他們可以透過在銀行發行基金籌措大量資金，再將這些資金投資給那些具有增長潛力的年輕新創公司。這些專業的資本公司，擁有許多成功投資經驗，擅長評估一間新創公司的商業計劃是否具有市場潛力。他們在你初創公司的時候，依據你的商業計劃提供大量的資金供你創業，但他們不是借錢給你，而是拿錢買你公司的一部分股份成為股東。在台灣我們習慣用出資額比例計算股權，例如資本額1000萬的公司，有人出了200萬就能占公司20%股份，但一間1000萬資本額的公司三年後一個月的營業額可能就超過200萬，所以對方才拿200萬就一輩子分得你公司20%的獲利，這對於剛創業沒有錢的年輕人來說很不划算。但大陸資本市場的計算方式是依據估值（預估的企業價值），雖然公司還沒開，但如果預估這公司未來的價值值2億，20%的股權就值4000萬，創投會拿出4000萬來投資你公司20%的股份，等到你公司值10億時，手上的20%股份就值2億，他們再賣掉股份獲利，這就是創業投資市場的盈利模式。

創投資本與獨角獸的神話故事

　　試想一間資本額可能只有100萬的小公司，只要他能證明未來的商業模式潛力大，就能提高該公司的估值，例如「預估」一年賺2000萬，PE10估值法就是2億，創業者出讓10%股份就拿到創投的2000萬創業資金，他們腦中的想法立即有錢成型。當產品做出來了公司的價值又更高了，例如星巴克市值2000億美金，用比較估值法來看瑞幸咖啡「中國版的星巴克概念」應該也值個100億美金，所以瑞幸咖啡成立一年多就賠了38億，但出讓10%股份還是能拿到了幾億美金投資，創業家藉著把股份賣給創投就可以有錢去做品牌行銷、擴展市場，創投趁企業估值低時買進股權，等估值高時賣出股權獲利，創投跟新創公司都因企業價值提高而互相受益，創業家因獲得資金快速成長又吸引更多投資，所以像臉書、Line這些前期不盈利的公司，只要不斷開發出新功能吸引更多網友使用，就能吸引創投投資，有了錢再開發新功能，不賺錢的公司也能變的很值錢的新創獨角獸。

　　所謂獨角獸，就是全球公認估值在10億美金以上的未上市公司。台灣的新創必定要發展成跨國企業，規模才有機會成為獨角獸，但中國市場具有大量的人口紅利，一個省等於歐州一個國家，把事業部署在全歐洲需要很多時間物力去拓展，光面對不同國家的政府跟 法就要花掉很多精力，但大陸東北跟雲南的稅法、語言、運輸都是相通，因此一間光滿足大陸市場的新創公司，很容易就是歐美好幾間獨角獸公司的估值總和。

大陸有許多新創公司，員工數萬名但執行長卻不到30歲，像阿里巴巴、京東、騰訊、小米、滴滴出行這樣的創業案例，吸引了大批年輕人在還沒畢業前就已經努力研究各種創新商業模式進行創業募資，這些創新商業模式的特點就是低資產、重行銷、靠腦力而不是靠財力來創業。大陸的年輕人不像台灣的大學生畢業後只想追求穩定的工作，這些急於出頭的年輕人知道，創業是他們這輩子最接近成功的機會，就算出生在偏遠落後的農村都有機會因互聯網革命改變人生命運。全世界只有像中國這樣在公司還沒開設前，就可以拿著想法找天使投資人拿到大量資金，天使投資人是專門投資初創公司的投資人，他們只看三件事：1. 市場有無潛力；2. 商業模式是否創新；3. 圖隊是否堅強。創業家先拿到錢再開公司當然比沒錢想開公司賺錢容易，所以大量創新商業模式和格局的年輕創業家被迅速製造出來。

　　台灣的大學生，從小被教育賺錢是世俗的成功定義，所以崇尚小清新、小文青、佛系工作、隨遇而安的年輕人越來越多，我們總説台灣最美的是人，因為除了人好像沒什麼值得驕傲的。我們總説要努力讓台灣在世界發光，但看到歐美國家甚至中國的創業政策，真的覺得台灣的創業家非常孤單。很多國家的政府知道創業不易，會給予各種激勵措施，但台灣對於老闆的印象很差，政策只會對老闆開槍、看到你肥就動刀，不管是一例一休或是產業政策，創業家天生就要背負慣老闆的罪名。其實是台灣的創業家，最想的就是在自己的土地上創業，

透過創業提供更多機會給年輕人一起打拼，每個人的都想成為全世界家喻戶曉的好品牌代表台灣之光，每個台灣的創業家都背負著許多夢想，這也是我最喜歡跟台灣創業家交流的地方，因為我每次問他們為什麼要在台灣創業，他們都會回答：「因為這裡有我的家」。

「愛拼才會贏」的台灣正在失去影響力

台灣30歲以下想要影響世界的年輕人還剩多少？40歲後有能力影響世界的還有多少？現在台灣教育最大的問題，就是讓年輕人誤以為只要努力就會成功。台灣曾經是個全球代工廠，只要把東西做出來就能收到錢，我們總是唱「愛拼才會贏」，但那些歌其實都是鼓勵勞動者所做的歌，成功不只要努力，也要有方向跟方法。我常問創業家一個問題：「飛機、汽車、高鐵，哪個快？」大部分的人不假思索的說「當然是飛機」，我總是苦笑搖頭，因為很少人問我從哪出發、目的地是哪？如果從台北去南港，當然是開車快，因為南港沒辦法搭飛機，去香港高鐵到不了，拼命往北飛的飛機也永遠不會到，這就是台灣創業家的一個致命問題，我們都以為努力就能成功，卻很少人花時間研究方法和工具。我們不斷洗腦下一代，台灣代工產品品質世界第一，但其實日本的品質更好但他們不願幫人代工，他們會成立全球知名的品牌，請第一流的人來設計產品，再用最低的價錢請台灣代工生產，生產過程不會污染日本環境，訂單結束他們也不需要負擔大量勞工的退休金或資遣費，隨時都能轉單到更便宜的國家代工。以前台灣最賺錢的公司都是

幫人做代工的，但現在東南亞崛起、台灣卻不斷衰退，但代工文化的餘毒仍在，我們已賺到了上一代的GDP，但我們不知道下一代的GDP從哪來？台灣製作水準接近日本，創造力卻遠遠落後日本，掛上日本品牌賣出的產品售價是我們代工費用的幾百倍，我們卻知足常樂沾沾自喜的覺得幫人代工的產品（像iPhone）行銷了全世界。可是產品賣到全世界，賣出的利潤卻跟我們一點關係也沒有。「愛拼才會贏」就像是不斷提醒我們，台灣是個只會幫人「拼裝產品」的代工廠，只要「拼了」就有錢賺，能不能哪天台灣的設計的產品也能行銷全球，創造的品牌也能成為台灣之光，讓全世界看到台灣的「品牌力」而不是「拼裝力」。

具有創造力的野心才是創業核心

我們從小就被教育要認真唸書，不要想東想西、不要跟別人不一樣，畢業之後找份安逸的工作，乖乖當隻小綿羊等退休。但面對大陸每年產生出大量不斷衝撞求生的畢業生，每個人都像狼一樣努力尋找商機，構築了一個狼群創業世代，他們追求目標快狠準，看見機會絕不放手；因為他們知道不爭取機會，永遠都只能留在農村，看著城市中成功的那些人把貧富差距拉得越來越大，所以創業的目的已經不只是為了謀得一份能夠養家活口的機會，而是獲得一個改變城鄉差距，為自己創造扭轉人生的行動。

這樣的創業環境，創造了中國的百業起飛，加速了行動互聯網、電商、社群行銷、自媒體的崛起。我們常說中國的支付系統很先進，但先進的不是一個國家，而是有一群不是銀行出身的創業家開發了支付系統。大陸的電商發達，但淘寶跟京東都只是一間公司，卻影響了整個中國電商的發展。所以中國強大的並不是政府，而是有一群龐大的年輕人想積極成功的決心。OFO共享單車的創辦人戴威不過才27歲，卻擁有數萬名員工，公司估值超過十億美金。復旦大學畢業後，他們就在學校對面創業，加入了創業戰場，在硝煙四起的高壓環境中崛起，雖然今年OFO已經宣告破產倒閉，那些傲人的成功因為資金鏈斷鏈瞬間化為灰燼，但這些經歷過大風大雨的年輕人，難道從此不再創業，哪天又可能會再次崛起。很多台灣朋友譏笑大陸的經濟環境如夢幻泡影，但我們身邊有沒有人敢像他們一樣勇敢？中國去年倒閉了720萬間公司，其中絕大部分是新創公司，但每年仍有上千萬間公司註冊誕生，這些年輕創業家就算失敗回到職場和農村在靈魂深處也還是真真正正的一匹狼。曾有人當面嘲笑愛因斯坦發明的失敗率極高，他卻得意的說：「我不是失敗了6000次，而是成功找出了6000種導致失敗的方法。」沒有一個國家有這麼多創業家體會過失敗的下場，因此他們還會繼續研究別人成功的方法，這些年輕創業家還會帶著他們過去失敗教訓再次創業，他們也許還沒成功，他們仍蜷縮著等待明天日出的來臨，雖然冬夜依然寂寞寒冷，但機會肯定會再來。

中國青年瘋狂創業之後，引發了另外一個問題，就是沒有人願意乖乖上班。因此中國開始推動一帶一路，希望透過這個大方針，幫中國的企業家找到新的戰場，年輕的創業家們，大批的沿著一帶一路送往了鄰近各國。讓馬來西亞、越南、緬甸、寮國的年輕人，為他們的年輕企業家上班。他們看到了東南亞市場的廉價工資與東盟關稅互惠的市場機會，開始用在大陸募得的資金更有效率的投入在新興市場的拓展上。目前中國自行研發的高鐵行駛速度最高可達350到605公里，每天挖掘的地鐵長度和速度也是全世界第一，他們在大灣區自行挖掘的海底隧道甚至比英法還長，這背後有一個很大的動力來源，就是因為他們正在努力尋找機會，這群年輕創業家也勢必藉著國際合作將中國企業推向世界。

台灣年輕人有很多工作選擇，我們也許永遠也不會跟他們發生武力戰爭，但我們無法在商場上迴避跟他們的正面交鋒。我們的年輕人不買台灣生產的手機，但大陸的年輕人越來越支持小米、華為等中國品牌。創業，不是一個人的問題，更是一個世代的問題，台灣如果沒有誕生更多的有想法的創業家，如果沒有年輕人願意將創造力投入在商業上，未來競爭力將岌岌可危。這本書的目的就是希望更多的人能夠看到，我們已經面對的隱形戰爭，這不只是金融的戰爭，也是創造力的戰爭，年輕人的戰爭。我常想三、四十年前我們傾國家之力建設了新竹科技園區，補貼每間大量的資金和稅賦優惠去成立像台積電、聯電、鴻海這樣成本高昂的科技廠，但是他

們的市值跟Google、Facebook、Youtube相比卻差之千里，如果當時我們投資的不是那些會汰舊的硬體資產企業，而是靠知識、靠觀念、靠品牌就能越來越強的軟實力，也許我們的市場沒有對方大，但我們創業家的腦袋可以比他們想的更偉大。

你適合創業嗎？

上班風險高
還是創業風險大
創業心態大檢測

這幾年，我固定每天義務輔導兩位創業家，幾年下來和數百位創業家不斷深入交流，看著有些人事業蒸蒸日上不斷壯大，也有些人每天深陷泥沼不斷掙扎，但不管成功失敗都有共同感慨「創業真的很辛苦」。我最愛問他們選擇創業的原因，因為我很想知道他們堅持創業的動力到底是什麼？是什麼讓你願意為了達成目標付出一切？其實每個人的答案都不相同，但都是因為相信成功所以才決定創業。可是創業過程難免有挫折，當遇到低潮的時候，我也建議他們想想當年為何有勇氣跨出第一步，莫忘初衷、以終為始。也許當你重新找回激情了，勇氣就回來了！

人生最可悲的莫過於胸懷大志，卻偏偏裹足不前。很多人30歲就死了，但80歲才離開人世。大家都聽過溫水煮青蛙的故事，小時候如果問我們長大要做什麼，你腦袋裡會有100種答案，但是過了20歲答案只剩下不到10種

了；到了30歲，再問你想做什麼？你會說，就這樣吧！因為30歲的時候，很多人剛結婚生孩子，不敢離開現在的工作；到了40歲的時候，你再也不敢大聲說出自己的夢想，你只要一開口，別人就會叫你省省吧！於是你把想法收進日記放進保險箱，開始重複著別人的人生。

其實每一位創業家都是努力撬開保險箱找出夢想的人，我永遠記得20歲退伍那天，我立即去買了一本筆記本，我在第一頁寫下：「我要親手掌握我的人生」。當時的我不知道人生是什麼，我每兩年換一個工作，每一個工作都像一個港口，我的工作就像是港口酒吧裡的酒保，每天聽著那些企業家驕傲的述說他在商業汪洋上的冒險故事，我總是想著有天我要成為「航海王」故事裡的主角，去每個港口尋找創業的夥伴，在每一站補給遠行的儲糧，總有一天我會知道自己是誰，也要讓大家知道我是誰，我要用我的人生見證這片大海更多的傳奇。

創業的風險大還是不創業的風險大？

很多人不敢創業的原因在於擔心創業失敗的風險很高，如果你正在抉擇要不要承擔風險去創業，我們應該先思考到底是創業的風險大還是不創業的風險大？其實當一個上班族的風險比創業者高很多，因為一個月領10萬薪水在這個年代也不算高薪，但如果你是上班族，薪水要超過10萬，大概已經工作了很長一段時間，人生最精華的時間已經過了一半，有爸媽要照顧、想結婚、想

買房、想換車；如果有孩子還得預留一大筆教育基金，正是因為這些原因讓你不敢去挑戰風險，你希望人生永遠安逸而且安全的過下去，結果你所負擔的沈默成本越來越高，你這輩子就這麼被定型了。

你努力工作了一輩子，但是你的人生難免會遇到挫折。任何一個人生挫折需要支付的成本，都不是你的薪水能夠負擔的，如果薪水是你唯一收入，你一旦失業或請了三個月的病假，薪水就從此沒了。你的薪水越高被換掉的機會越高，公司頂多給你個慰問金就打發你走，所以你留在職場的理由是為了安逸，但安逸的決定權卻不在你手上。

創業也許會失敗，但是失敗是在自己的手上，沒什麼好抱怨。但安逸的人習慣了安逸、努力的人習慣了努力、創業的人也習慣了創業，大部分的創業家都不甘心庸庸碌碌的過完一生，都想改變被人決定命運的人生。而創業的風險其實沒有你想的高，因為你所付出的成本有限，當你創業成功了收益卻可以無窮。很多不敢創業又想有錢的上班族會去投資股票或虛擬貨幣，但是失敗了你只會學到慘痛的教訓，那些失敗的經驗卻沒有辦法幫你累積下一次的成功，能掌握的叫投資，不能掌握的叫賭博，創業失敗的經驗能幫助你下一次創業更容易成功，你只會越來越強直到終於成功，而且愛上創業的樂趣，這就是為什麼創業家即使創業失敗也只會短暫回到職場，沈澱之後再準備下一次創業，因為創業成功的甜美是當一個上班族永遠感受不到的。創業成功只是另一段創業旅程的起點，失敗也只是還在等待成功的前夕。

創業成功的捷徑

很多人說創業的風險高，是因為大部分的人創業之前很少做功課，他只擅長他原本就會的專業技能，沒想過商業模式、不懂品牌行銷、也缺乏籌募資金的管道，更不知道商業運作的邏輯。一創業就手忙腳亂，因為一個好廚師未必是一個好的餐廳老闆，更不可能成為餐飲集團的執行長，所以想要創業成功就一定要在創業前了解企業發展的邏輯。

成功創業的方法很多，好的創業方式，就是盡量保持投資成本的底線，管控失敗的風險，就算要賠也只賠到停損點，但是萬一成功了就能賺到無限多的錢。很多搞建築起家的人都是低成本創業的高手，當年房地產崛起的時候，你只要開間公司付點押金標下土地開發權，然後把土地拿去找銀行貸款，銀行貸款後再請人規劃設計，設計完了就開始用設計圖去賣預售屋，在房子開始蓋之前就已經把成本跟利潤給回收了，如果虧錢頂多虧了幾百萬的押金，但是成功卻獲利龐大，這就是土地開發產業的商業模式，在大陸目前仍是一種主流模式。這樣的商業模式特點就是要賺的錢是可事前評估的，因為既能保持投資的底線、獲利又能短期倍增；但也有難評估的生意，餐廳是封閉式行銷，每天中午兩小時、晚上四小時是唯一能產生盈利的主要時間，所以開餐廳如果客滿，最多賺的錢就是看有多少座位乘上平均客單價，所以餐廳能賺的錢有上限，但是萬一不賺錢呢？天天還是要交店租、發薪水、交水電費、買食材，所以賠錢無底

限，因此大量的人創業前沒想好商業模式，開個飯館就賠死了。創業前我們得先學會怎麼賺錢，如果不會賺錢就別創業，因為創業不盲目，盲目創業才瞎。

創業者的心態

心理學上有一個著名的瓦倫達效應，瓦倫達是美國著名的高空鋼索表演者，卻在一次重大表演中不幸失足身亡。每次上場前，瓦倫達總是不停告訴自己這次表演太重要了、不能失敗、絕不能失敗。他的表演總是專注在如何走好鋼索，而不去思考這件事的成敗，後來心理學家把這種過於注重成敗而患得患失的狀態稱為瓦倫達心理。

其實創業也是這樣，你唯一要做的就是學習成功創業的方法，並且不斷的自我優化你的創業過程，如果因為害怕而不斷想著創業失敗的後果，往往更容易導致失敗。但是創業也很怕過於樂觀的人，因為他們很容易把任何事過於簡化，總是認為周圍有人什麼都沒做還不是一樣成功，他只要照著做也一定會成功，最後結果卻事與願違。最近網絡上流傳了一段笑話：「你是砍柴的，他是放羊的，你們聊了一整天，他的羊吃飽了，你的柴呢？」每個人的背景不同、產品不同、顧客不同、創立的時間不同，別人成功未必你就能成功，賣一樣的東西，商業模式可能天差地遠，如果你沒看懂對方的生意，你們創業的結果肯定不一樣。我們常說創業心態最重要，因為你必須保持不斷吸收。

創業不要等到明天，今天就行動！

一樣年資的人通常專業能力上的差距不會太大，為什麼後來會越來差異越大呢？其實主要來自工作和睡眠以外的8小時決定的。很多人把這段時間用來放空、打牌、逛街，但也有些人每天用這8小時中一部分的時間去提升自己，為創業做準備。建議有創業目標的朋友可以好好運用這些時間做這些事：

❶做些讓你覺得感到興奮的事情。

很多人的工作是18歲考大學時決定的，當時你並不知道念的科系會如何影響你的人生，如果再做一次選擇，你想做什麼？有什麼事情是你真正感到熱情的嗎？創業本身很艱難，每天都在面對不同的挑戰，如果不管什麼是趨勢、什麼是商機，而是挑一個你真的覺得做了不枉此生的項目是什麼？如果有，試著把它找出來吧！

❷培養良好的閱讀和學習習慣。

過去我們所知道的事情，大部分都是在我們的工作中所發生的，但是一旦創業了，你可能會需要學習更多知識，例如：財務、生產、商業模式、股權、通路……，甚至如果你本來是研發工程師，創業後為了銷售產品、開發業務，你還必須了解消費心理學、市場行銷學。通過閱讀可以不斷累積知識與能量，在還有人付你薪水的時候，就已經開始為自己的創業打下良好的基礎。其實除了上網閱讀文章和購買商業書籍，現在只要上網搜

尋「商學院」就會看到許多私人機構開辦的商業課程，他們會請許多專業講師用淺顯易懂的方式去教授商業知識，不像大學那麼枯燥乏味，不同等級的商業課程價格不同，但是越貴的課程，坐在你旁邊的學員也不一樣，利用課程多去認識那些同學是短時間建立革命情感的好方法，而他們的背景跟你相近，能夠帶給你的幫助其實不亞於課程。

❸積極構建你的人脈關係。

在你的職業生涯上，一個好的人脈關係除了可以讓你的職場之路走得比較順利外，一張強大的人脈關係網也可以讓你在創業時，找到組建團隊的同事或合夥人，所以要盡量接觸比你聰明的朋友、比你有能力而且懷抱正能量的朋友，這樣的人脈，可以提供你知識訊息和商機，把人脈關係變成你的關鍵資源，就是未來打造團隊跟開發客戶的潛力股。與其把時間都拿去放鬆，你更應該把時間拿去建構你的人脈關係。不要等到創業後才開始帶著目的認識朋友，因為優質的朋友和貴人，都是要花時間養成的。馬雲說：在事業成功前要多找朋友吃飯，而且要吃飯就要請客，多和大家分享你的想法並讓對方了解你的人品，因為不知道哪個飯局上哪個人會成為你的貴人，但成功後就要少參加飯局，因為來找你吃飯的肯定都是來找你幫忙的。

❹鍛鍊身心健康。

因為一旦創業了，可能連睡覺都會是一件奢侈的事，如果身體不夠健康，那麼長久下去對個人肯定是不利的，尤其很多創業家常在精神不佳的狀態下做錯決策，導致和對方簽了鑄成大錯的合約。保持運動習慣不僅可以使身心保持健康，還可以使抗壓性大大提升。創業是一條看不到盡頭的馬拉松，即便創業後最好每天上班前下班後也可以跑跑步，跟朋友打打球等，也許能夠釋放你在創業中的壓力。精氣神十足，判斷力自然跟著提高。所以健康的身體是一切創業生活的開始，也是人生一切成就的根源。

　　有時候每天做這些事會很乏味，但讓你決定堅持去做一件事的動力是來自結果而不是過程，當你累了就想一下那些成功的創業家們可能比你更加堅持，也許也能刺激自己向創業之路更加邁進。沒人可以告訴你創業的籌備到底要多久，隨時把握你現有工作中的經驗、同事、朋友，或去關注一些你以前沒注意的事，比如說公司的人事制度、業績制度、產品的製程方法、行銷方法都是從做中學的好方法。創業需要的資源都能在你目前的工作中得到答案，因為每一個公司運作的方式一定有其意義，看到疑問就多問，看到問題就想想你會如何解決，別人會遇到的你也有可能遇到，不要等到創業之後再來學習怎麼當老闆，因為創業前學習成本是別人付的，創業後學習成本就是你自己的，所以用良好的心態去面對每天發生的事，都能幫你提高創業成功的機率。

組建團隊

找有相同理念的人
但不要找思維一致的人
團隊才能走得快走得遠

馬雲說：搶錢的時代，哪有功夫跟那些思想還停留在原始社會的人爭辯。想要找到志同道合的人不是想辦法去說服別人，而是遇到思維不對的人直接跳下一個，遇到看不見商機的人也直接跳下一個，不管是夥伴、顧客還是投資者，先找到適合的人再去跟他一起成長，而不是隨便找一個人再把他改變成合適的人。想要組建一個核心團隊，我們基本上不是透過改變誰，而是找到方向對的人，一個新創團隊必定是人品的結合，而不是資金的結合。

　　一個團隊的目標可以一致，但是思考事情的方法不可以一致。新創公司的起步本來就比對手晚了，如果團隊每次討論提出來的想法還缺乏新意，那麼想要脫穎而出就有困難。舉一個賣西瓜的例子，一群在老水果店工作幾十年的員工決定一起創業，於是在原來老水果攤對面也開了一家，他們討論了半天覺得之前的水果店生意

不錯，就決定照以前老店的經營方式運作，大家都覺得沒有問題。但當他們開始營業後，發現根本沒有顧客上門，因為他們賣的產品種類和價格都跟老店一樣，而老店有老顧客捧場他們卻沒有新顧客上門，有人提出老店以前常做降價促銷，我們也可以利用這個方法去吸引新客，但是老店跟進貨商有多年交情，容易取得成本優勢，店也是自己的，而且過去已經賺了很多錢經的起價格補貼，於是新水果店在凡事學老店之後面臨了倒閉的困境。這時有一位學行銷的工讀生給了他們一個建議，讓原本乏人問津的50元對切西瓜開始大賣，方法就是把西瓜再切一半，加了一個湯匙放在上面，不是因為湯匙長得漂亮因此吸引人，而是有了湯匙，這西瓜就可以邊走邊吃，直接從買回家變成邊逛街邊吃，一樣賣水果卻變成兩個不同的賽道。一個小小的方法，滿足了顧客新的需求，賣的對象就不同了，這就是所謂的差異化銷售。新創公司的商業思維一定要有差異，因為你不知道那些原來成功的公司背後真正的優勢是什麼，如果只是一味的照著別人的路走，就產生不了差異，吸納不同領域的人才是換道超車最好的方法，因為別人產業裡司空見慣的邏輯放進你的生意裡可能就是一種創新。

管理學有一種名詞叫鯰魚效應。很多人喜歡吃沙丁魚，尤其愛買活海鮮，所以死魚的價格比活魚低好幾倍。有一位船長他抓的沙丁魚的生命力比別的漁夫高很多，原來當他捕捉到沙丁魚之後，就會把鯰魚放入水槽，原本被抓上船已經沒有活力的沙丁魚看到鯰魚進來後開始緊

張起來，所以就跟著一起快速游動。加入鯰魚的環境刺激了水槽的活性，避免沙丁魚因失去活力而死亡，這就是所謂的鯰魚效應。

鯰魚效應的道理非常簡單，其實就是希望在組織中引入不同的競爭者來激發內部的創造力。鯰魚效應很適合缺乏創新想法的新創團隊，因為當你的團隊成員都來自跟你相同的產業背景，擁有一樣的思考邏輯，意見雖然容易整合，但新創公司的本質在於創新，能提出跟過去完全不同的問題解決方案，所以團隊一定要延攬具有不同產業專長的人進入到你的核心，要珍惜那些永遠能提出不同想法的夥伴。全球最知名的奧美廣告，一直被大家公認是最具有創造力的公司，創辦人大衛奧格威就說過一個關於團隊經營的至理名言：「如果每一個領導人都把比自己更厲害的人帶進奧美，那我們就會是個巨人公司；如果每個主管都只想找附和自己意見的人進奧美，那我們就會成為侏儒公司。」

保護團隊是執行長的使命

美國管理學家藍斯登說，當你往上爬的時候一定要保持退路的整潔，否則當你下來的時候可能會滑倒。一個將軍最重要的，不是在環境有利的時候考驗他攻城掠地的能力，而是考驗他在失敗後帶軍撤退的能力。創業沒有人能夠保證一帆風順，當遇到危險時，人的本能反應就是縮小身體，抱頭蹲低；創業者的勝負來自他能不能一

直有能力往前走，放棄只要一秒但後悔卻是一輩子。很多創業家常調侃自己說：「今天很辛苦，明天更辛苦，但是後天你就會成功」。原因是大部分的創業家遇到問題時，就會開始放棄，今天因為競爭者多所以做生意變得很辛苦，等到明天大家都在咬牙苦撐更辛苦，但當你撐到後天，你的對手都死光了，活下來的只剩下你，整個市場都是你的了。在商業的賽道裡，能夠堅持到最後的才是贏家，因此我們遇到風浪的時候，不要急著爬起來，而是要先看清楚周圍的狀態，再找到最好的方式、最好的時機站起來。否則當全球不景氣的時候，市場正在萎縮，你被景氣拖累出現了問題，不去思考這個風浪要多久才過，沒從中得到教訓，馬上又借錢想要東山再起，要小心主震後伴隨而來的餘震效應可能會逼的你從此一蹶不起。真正考驗一個將軍的能力，是他面對挫敗的時候能將多少軍隊和糧草安全保存下來，等待時機東山再起。有時退一步是為了踏越千重山，短暫的休息是為了蓄積再次出發的能量。在創業的過程中，每一個人都會想找一條更省力的道路通往山頂，所以人們常常會問那些已經登頂的人，哪一條才是直通山巔的捷徑？但是那些從山頂上下來的人會告訴你上山沒有任何捷徑，因為所有的路都是彎彎曲曲的，你必須不斷的征服根本就還沒看到的險路，面對陡峭的斷崖峭壁，唯有關注當下的每一步才能直達巔峰。當你面對現在眼前的小崎嶇，你才有能力面對下次可能的大挑戰，一步步克服總有一天你會發現自己是走得最遠的人，而走的最遠的人就是離成功的頂峰最接近的人。

創業時代總結

20多年來我曾在全球五大廣告集團負責品牌創新行銷的工作，客戶都是Microsoft、Coke、金控之類的全球百大品牌，也拿過70多座創新行銷大獎，我以為自己已經很會幫客戶做生意，幫自己做生意的時候應該更加得心應手，沒想到創業的第一年我就遇上各種生死存亡的挑戰。雖然新客戶不斷增加，但員工也必須不斷增加，現金流消耗的速度比我預期要快上太多。從小我就是一個性格倔強的人，從不輕易掉淚，隨著公司越做越大，當大家白天慶功拿到客戶的時候，深夜我卻一個人窩在公司放聲大哭、真的是大哭，因為我覺得超級委屈。我們創業第一年橫掃了整個廣告業搶回了許多客戶，但是每當我們拿到一個客戶，我們就必須招聘更多人來上班，但是跟客戶請的款卻往往要等案子啟動後半年才收的到，我對如何幫客戶解決行銷問題很有信心，但我對自己營運公司失去信心。第一次營運那麼大一間公司，一切都跟我想的不一樣，每次跟親友調錢發薪水，你都能從他們眼裡看到不捨與不信任。終於苦熬一年後我們活下來了，而且拿到了台灣年度最佳傑出新創公司獎、傑出數位行銷公司、傑出數位內容行銷、傑出視覺設計、台灣最佳經典行銷案例……但我們依然缺錢。因為我是個專業人士，這就代表我不懂自己專業以外的任何事，看不懂財務報表、沒當過業務、不懂股權、甚至幫客戶想創意的公司，自己的生意卻完全沒有創意，我才知道想營運一間公司不是只有專業能力就行。

於是我到處去上課，彌補我知識攝取範圍的不足，我照著《窮爸爸富爸爸》作者的路徑去上了一堂叫Money & You的課，課程結束後我看到許多創業家舉手上台發表感觸，分享他們創業的過程，我看到好幾位人高馬大的創業家當眾嚎啕大哭，我才意識到，其實很多人創業的錢都是借來的，公司沒了是別人對你的信任沒了，也有些人創業的錢是孩子的教育基金，甚至是夫妻倆的退休金，公司倒了是家裡的未來倒了。

當年我創業時感覺自己身陷泥沼，我好希望有一雙手能拉著我脫離泥沼，但是我沒等到。現在我已經從創業最難熬的階段站起來了，所以我希望能夠盡我自己的力量成為別人的那雙手，也許我一個人的力量有限，但如果能聚集一群創業家力量就會不同，我們無法改變大環境，但我們可以一起勾著手闖過去。於是我承諾每天用自己中午休息跟下班後的時間，義務輔導兩位創業家，盡力幫這些創業家解決事業上遇到的問題，幫他們梳理商業模式，幫他們對接資源，甚至提供品牌行銷上的各種協助，幫他們設計品牌、設計網站、設計空間、開發AR、設計產品……。

不把賺錢當動機，你會開始不計成本的傾囊相授，對方也會因此告訴你更多新創經營上的問題與細節，因此三年來累積了超過800位創業家、800個創業故事、800個人脈種子、800個商業模式與實踐的成敗經驗，我特別要感謝實踐家教育集團的董事長林偉賢先生，啟發了我立志成為台灣創業志工的動機和使命。

剛成立公司的時候我很無助，但現在的我已經不再感到孤單，因為我知道人生不是知道就是學到，別人對你的肯定叫鼓勵，對你的不肯定叫激勵，創業家就是一群把激勵當補品的人。一個人走得快，一群人走得遠，希望我們能超越時代，為台灣創業環境創造更好的未來。

　　本書的出版就是希望能顛覆過去佛系創業的認知，整合「頂層戰略、商業模式、品牌行銷、資本策略」等創業家必須具備的戰略思維於一書，以最深入淺出、簡白易懂的方式及案例，提供年輕創業者必須具備的創業知識。我不是擁有最多知識和經驗的創業家，一本書也不可能只寫個幾百頁就能讓你融會貫通。但我希望透過這本書的問世，能鼓勵台灣更多人開始思考「從企業頂層戰略決定賽道」，用「創新商業模式換道超車」、「用價值創造十倍價格的品牌行銷」，及如何「透過股權解決創業的資金與人才需求」，為台灣的轉型提供更豐沛的生命力，也幫助新創公司擺脫創業第一年超過九成的陣亡率。

CHAPTER

1

企業頂層戰略

從上到下俯視整個企業藍圖
打造企業發展的導航系統

頂層戰略設計

從宏觀到微觀
以終為始
贏在起跑點的發展策略

頂層設計（Top–Down Design）早在30多年前就已經是歐美普遍使用的企業發展策略，但自從習近平在國家發展政策中提到後，這幾年突然被許多商學院列為企業戰略的重點課程，甚至還因此獲選了「中國年度十大流行語」的第一名。先不管這個詞為什麼爆紅，但對於新創公司在組建公司架構時具有一定的幫助。其實頂層設計從字面上來看，很容易被誤認以為是「管理公司高層的制度設計」但它真正的意思是要你「從上到下俯視整個企業藍圖，從宏觀到微觀。」去建立企業發展的思維邏輯，協助你制定出公司的發展架構與方向。

頂層設計原本是使用在建築設計裡的專業用語，是建築師在進行區域規劃時的思考方法。簡單來說，當設計師要規劃一個空間時，不會先專注在傢俱擺設這種細節上，而是會將視角拉到規劃區域的正上方，從高處往下俯瞰整個區域的相對關係後，再去對整體進行全面的

評估規劃。這也是為什麼看建築藍圖或室內設計的平面圖，都是由上往下觀看的視角，因為頂視圖最容易展現出規劃區域的整體佈局。

舉一個簡單的例子，當你想蓋一棟新房子時候，如果先思考椅子應該長成圓的或方的，然後再花很多時間思考它的材質、造型，接著想椅子旁邊要不要放桌子，桌上要鋪什麼桌巾……結果把時間都花在那些細節上，可能忽略了擺放餐桌椅的地方其實是一間廁所，或者不小心把客廳放進了廚房裡。俗話說見樹不見林，太專注在細節上，你會失去對整體的判斷力。所以設計一棟房子會先從平面圖開始，先決定房子要蓋多大、要幾層樓、要幾個房間、要幾間廁所，先把需求列出來後，再開始透過平面圖拉出各個區域的框架，然後再開始進行個別空間的傢俱擺設，例如床怎麼放合風水、電視前面應該放沙發、小狗要住在哪裡。頂層設計就是要你從上往下看你的企業，先看整體再看細節，先看功能再看配置。

再舉一個例子，當你駕車出遊時，你會先決定要前往的目的地，然後打開GPS衛星導航，讓它建議你往什麼方向出發。GPS會先定位出你現在所在位置，接著定出目標位置，然後規劃出兩者之間最適合的路徑。一路上還會幫你導引應該上快速道路或是平面道路，遇到路口時應該直走或是轉彎，建議你最佳的行駛速度，根據剩餘油量提醒你該離開預定道路，前往最近的加油站加油。其實GPS就是從衛星的視角，由高處俯瞰你與目標間的相對位置，最後判斷出你的最佳路徑，讓你用最有效率

的時間抵達目標。但兩年來我輔導過這麼多創業家，大部分的老闆在成立公司時，往往都是先從微觀去思考，對自己擅長的專業上很著墨，但是花了很多時間在製造產品或推出服務，卻沒去思考品牌行銷、商業模式和股權策略的問題。其實就算是銷售同一種商品，銷售的對象不同企業的商業模式就不一樣，短中長期的發展策略也不同。

如果你開車會依靠GPS導航，那麼在經營公司時，你公司的GPS導航系統是什麼？你如何判斷當遇到機會的十字路口時，你該左轉或右轉？於是很多的創業家因為沒有判斷依據，在經營事業時逐漸失去方向，在不斷出現的選擇中選做錯了決定，用碰運氣式的心態創業，該停時沒停、該直走卻右轉，不斷在創業的迷宮中繞圈，最後車子的油量被耗盡了，最近的加油站又離的太遠，只好提前下車結束創業。

頂層設計的作用就像是建大樓所使用的藍圖、開車用的GPS導航系統。釐清頂層設計的目的，就是運用系統性與符合邏輯的方法，幫新創公司訂定五年內的發展策略，就算公司人數越來越多時，團隊裡的每個人還是清楚明白哪個選項對公司有利，哪個階段必須迴避可能的風險，在創業道路上一邊比對修正，以終為始的設計出公司的發展策略。

政策影響趨勢，趨勢產生商機

在思考企業的頂層戰略時，要先掌握制高點原則，從上往下看，先宏觀再微觀，先判斷整個全球的經濟局勢走向，再看國家的產業政策。例如明知道中美貿易大戰對中國製造業不利，你偏要挑這個時間點去中國設工廠。再來是看國家政策，例如前幾年台灣推動的科技創新、文創發展、新南向政策、年長者長期照護等政策，如果你的公司剛好能夠與政府政策相應和，就有機會獲得一些政府資源的補助。然後再看整體的趨勢，找到還沒有被開發完全的商機、未被滿足的消費者需求，例如有機食品、區塊鏈的場景應用、大健康產業的崛起、老人缺乏照顧的生活問題。

有一句話叫做風口上的豬也會飛，在整體區勢的帶動下大部分的創業方向只要正確，努力就不會白費；不過趨勢是不是真的商機要看滲透率，如果滲透率不到20%那麼說明這個趨勢只是話題而不是商機。所謂20%的滲透率就是周圍有沒有人在使用，如果周圍1/5的人都在使用了，那不只是趨勢而是實實在在的商機。有機食品大家談了很久但是不是真的家家戶戶都接受了，看起來還要一段時間調整。如果現在決定投資有機農場，就要想辦法找政策資源補助，否則在供過於求的情況下，市場還沒打開，創業一定很辛苦。尤其計劃去大陸拓展生意的創業家，一定要特別注意政策變化，因為大陸產業生態是計劃經濟，領導人覺得要把中華文化發揚光大，一堆文化創意產業就如風口上的豬，被吹的花枝亂顫。後來又想

把69萬個鄉村變成特色小鎮，一聲令下全大陸的小鎮突然瘋狂導入文創，開始發展文化觀光，帶動了土地開發商大量跟政府合作建設農村，開發商再透過蓋商場賣房子把錢賺回來。現在聽到很多台灣文創大師被邀請去大陸規劃文創特色小鎮就是這個原因。近年來因為大陸發現人均GDP高不上去，所以整體GDP一直保持在全球第二，始終無法超越美國，於是開始有了農村扶貧的最新政策。只要有任何企業能夠提出解決農村貧窮問題，就會給予大量的資源補助，所以大部分的創業家應該先從「全球趨勢 > 國家政策 > 市場商機」做戰略佈局；但如果是中國就要把國家政策優先擺在第一位。

理想的創業頂層設計有三個重點，提供給大家：

❶ 從高處往低處看，從宏觀走向微觀，先部署戰略再追求戰術，先定出格局再制定內規。

❷ 從終點往起點看，倒果為因以終為始，因為知道目標有多遠才知道準備走多久。

❸ 從大方向往小方向看，方向不對努力白費；跟隨趨勢擁抱商機，方向不變隨機應變。

用頂層設計打造企業的發展框架

公司運作必須掌握五大管理「產、銷、人、發、財」這五大關鍵相信在許多大學商業管理課程都會提到，是一個非常關鍵但卻是管理公司的基本，但是到了數位時代應該還要加上了「資訊」及「股權」，由於這方面的資料多到已經趨向教科書了，我補充一些創業必須檢視及加強的重點，幫助各位創業家檢視從中找到提升企業價值的地方。

❶ 生產與產品

· **材料（Meterial）**：生產原物料是否具備特色，例如有機、產地、功能、認證、故事。

· **設備（Machine）**：製造設備來自哪裡？具有什麼獨特功能，例如奈米處理、人工智能。

· **人工（Men）**：由誰來製作？他有何經歷？例如咖啡大賽冠軍親自烘焙的咖啡豆。

· **方法（Methord）**：能否將製程簡化成故事，例如「好勁道 手工製麵十八道工法」。

❷ 銷售與行銷

· **品牌（Brand）**：掌握品牌一致性，短期刺激銷

售，長期累積品牌資產。

· **定位**（Position）：為誰提供什麼樣的價值，並與競爭者產生區隔。

· **產品**（Product）：創造消費者想討論的話題點，打造能解決痛點的爆紅商品。

· **顧客**（People）：找到在意你的優點，不在意你缺點的精準顧客。

· **洞察**（Insight）：顧客買你產品的真正原因，例高級車不是代步工具，而是社交工具。

· **通路**（Place）：線下體驗，線上訂購，盡可能接觸你的精準顧客。

· **價格**（Price）：找出顧客願意支付的最高價格上限，或能創造長尾以量制價的價格下限。

· **促銷**（Promotion）：將庫存商品結合促銷刺激買氣。

❸ 團隊與管理

· **合夥人管理**：只出錢的是外部投資人占小股，為公司創造利益的是經營核心占大股。

· **管理階層管理**：留人留心，透過股權綁定利益共同體，讓他們成為你的分身。

· **團隊管理**：打造公司文化，激勵員工創造價值。

· **人才招募**：企業成為巨人還是侏儒，跟你找什麼樣的人進公司有關。

· **人才培訓**：企業的核心是人，把人的能力升級了，企業的價值就提升了。

❹ 研究與發展

· **新產品、服務及技術研發**：關注顧客痛點、夢點、癢點，滿足顧客真實需求。

· **商業模式調整及發展**：依據企業發展階段、市場和競爭者狀態，隨時調整商業模式。

· **新市場的研究與發展**：營收穩定了，就必須透過發展新市場延伸企業利潤流。

❺ 財務與金流

· **財務報表**：看懂你公司的現金流量表、損益表、資產負債表。

· **利潤流、成本、支出**。

❻ 數位資訊與大數據

· **顧客資訊**：顧客關係管理、顧客行為及偏好分析管理、電商及網站流量管理。

· **產銷資訊**：原物料管理、製程管理、庫存管理、物流管理、銷貨管理。

· **創新技術應用**：人工智能、區塊鏈、第三方支付。

❼ 股權策略

· **股權激勵**：綁定股權，讓核心幹部，成為企業成長的利益共同體。

· **資本投融**：提高企業估值，出讓股權獲得資金，邁向IPO。

以品牌思維創業，同步創造個人價值與企業價值

　　這是個全民創業的時代，在中國每年有近1000萬個創業家正在註冊登記成立公司。這些公司有90%在第一年會失敗，但每年仍以上百萬的速度，正在不斷的竄出來，未來必定與台灣創業家產生極大的競爭或合作關係。在中國創業，擁有許多政策資源，也擁有許多人口紅利帶來的市場機會，更有充足的資本投資當做靠山，台灣創業家想要脫穎而出就必須更讓人關注到你是誰。

台灣早期的創業公司，一開始選擇幫別人做代工，慢慢地發展成國際貿易。前幾年一堆人開始搞文創，最近又朝大健康、長照奔去。一窩蜂的集中在一個產業，價格就會被壓縮，你的公司就容易被埋沒。

　　現在做代工，我們沒有便宜的工資和廠房；即使現在有便捷的網際網路，想透過資訊落差賺取價差也不太容易。台灣沒有那麼多的文創需求，也不知道到底要賣給誰。談健康沒品牌的健康食品，你應該也不敢亂吃吧！談長照產業前三名又是誰？如果想不到，也許這就是你的機會點。大家都做一樣的事，但所謂的鶴立雞群、一支獨秀，只有差異化的產品會被記住。現在談創業我們不可能與別人競爭誰的資金多，但你可以比誰更容易被記住。創業要有與眾不同的品牌思維，因為產品賣的是定價，服務賣的是溢價，做品牌是隨你喊價。

　　據聯合國統計，大陸目前的GDP是全球第二僅輸給美國。但是中國的GDP就算能追上美國，想成為全球經濟龍頭霸主也還要很長的一段時間。原因很簡單，我們從生活上來看，肚子餓的時候我們會想到麥當勞、肯德基；渴的時候有星巴克、可口可樂；上班的時候我們會用微軟；打電話會用iPhone；搭車有Uber；想看影片還有Netflix、Youtube；想看朋友動態，我們會上臉書、IG；我們搜尋會用Google；在家肚子餓會叫Uber Eats；出國訂房會上Airbnb；我們現在年輕人唱的歌都是嘻哈；連電影也是好萊塢。我們的生活與美國的企業品牌息息相關。

一個國家的工業影響力，看的是企業與企業（B to B）之間的相互關係。一個國家的經濟影響力，看你國家到底有多少品牌能夠走入全球消費者的生活裡（B to C）。中國的GDP雖然高居世界第二，但卻沒有全球影響力的品牌。美國的企業早已深入全世界每一個人的生活，我們很難想像如果沒有這些美國品牌，我們的生活會有多麼不便，甚至拿掉這些品牌，我們的成長回憶就會出現空白。我還記得麥當勞剛來台灣的時候，當時我還在念高中，下課後一票同學約去麥當勞，跟鄰座的女生羞澀的搭訕；即使追到了也是去麥當勞約會，麥當勞成了那個世代年輕人間的共同回憶。一間賣速食漢堡的餐廳，居然變成一個把妹約會的場所，這不是在說當時的年輕人有多蠢，而是這些帶著高大上光環的品牌進入一個缺乏品牌的市場時，當地人會如何看待它？感覺吃起麥當勞都變得高大上起來。你不會想在早餐店吃漢堡的時候和女生搭訕，但一進麥當勞它用高於美而美四、五倍的價錢賣你漢堡，你就會覺得隔壁吃漢堡的女生變得不一樣，這就是品牌優勢對心理的影響。

品牌能為企業帶來真實的信賴與價值

　　大陸想要取代美國成為第一大經濟體，就必須有更多的企業產品被人使用。大陸的代工形象大家都印象深刻，但中國品牌世界各國的消費者卻少有人知道。我們去一個陌生的地方旅行，當我們不知道吃什麼的時候，我們會選擇聽過的熟悉品牌，遠遠看到一間麥當勞，還沒有進去你就已經知道你可以吃什麼、付多少錢？不用擔心衛生和被騙。你想買東西的時候，腦袋裡面一定會出現前三個品牌；無聊上網的時候，一定會先點那些感興趣的KOL，這些KOL就是個人品牌。台灣早期的企業都是B2B，不懂那個產業，就沒有人知道你是誰。你去看台灣的股票上市公司，有多少是你想買股票時才知道的。那些連聽都沒聽過的小公司就算上市了，你會想買它的股票嗎？

　　台灣早期的創業公司都是代工廠出身，不管是做鞋子還是做電子，你都需要大量的資金買廠房、買機器設備，沒有錢就創不了業。代工賺的微利，所以他要不斷的生產、不斷的生產、不斷的生產。做出來的產品都具有很高的技術含量，以為自己是印鈔機只要生產就能有錢，可惜的是上面印的都不是你的品牌。漸漸地土地成本上漲了、工資成本也上漲了，製作成本當然上漲，客戶覺得找你做不划算了，隨便挑一個更便宜的工廠繼續做，你就這樣被換掉了。你資遣大量員工得給錢，他們換掉你卻什麼也不用付。不管誰負責生產，只要繼續掛他們品牌，產品依然能大賣。一件完全相同的衣服印上

不同的logo，價格可能翻十倍。沒品牌的公司，他必須不斷告訴別人，它的材質有多好、它有多保暖、多麼的耐用、價格有多便宜。但是大品牌只要放上logo所有人就會花大錢爭先搶購，買到的人還會不停到處炫耀他自己買得很貴。你創業的公司倒閉時，那些曾經高價採購的昂貴機器設備、辦公器材，都會變得毫不值錢。可是像麥當勞或可口可樂這樣的知名品牌，只要把品牌名和logo賣給另外一間公司，也許就值數百億美金。所有的花錢買的設備資產都會折舊，但一個有知名度的品牌，卻可以讓你一年比一年更有價值。

創業者如何為自己及公司建立品牌？

當你成為一個知名新創品牌，你做生意的樣子就會跟別人不一樣。沒品牌的公司在賣產品的C/P值，成本拉高賣價卻很低；有品牌的公司成本很低，售價卻拉很高。沒品牌的公司，製造好產品之後，到處兜售找顧客來買；有品牌的公司，產品還沒做出來，訂單就接到爆。沒品牌的公司為了讓產品覆蓋面更大，必須花很多時間精力去部署銷售管道；有品牌的公司，就算你只有一間小店，別人也會飛過半個地球來找你買個包。沒品牌的公司用價格創造價值；有品牌的公司透過價值創造價格。沒品牌公司通過銷售來賺錢；有品牌的公司睡覺的時候品牌還在增值賺錢。沒有品牌的公司，想找人合作得靠砸錢；有品牌的公司，別人想在產品上放你的logo，

他就得付你好大一筆筆錢。沒有品牌的公司，必須賣掉產品才有錢；有品牌的公司就像迪士尼，他只要坐在那裡，錢就會送去那裡。品牌就是有這種魔力。

　　大公司建品牌跟小公司建品牌都要花上很多時間，所以別等到公司大了才想做，而是創業之前就要做。我們看到資本市場上的那些數十億美元的獨角獸，每一家公司都是在他賺到錢之前，就已經具有很高的名氣，名氣就是一種品牌，有品牌的公司走路就是有風。別以為只有成立公司才需要建立品牌，新創公司的創辦人本身就是一個鮮明的個人品牌。阿里巴巴有很多大企業投資，但創辦人馬雲就算離開阿里巴巴二次創業，還是會有很多人搶著投資他，因為馬雲本身就已經是一個極具價值的個人品牌。當你的事業還不夠強大的時候，團隊核心的個人形象就可以幫新創公司變得更具說服力。

創業與品牌的關係

過去創業	品牌創業
・在現有同質市場競爭	・透過品牌商業模式避開競爭
・先製造商品再尋找需要商品的顧客	・不斷滿足顧客需求創造品牌價值
・透過市占率壟斷銷售管道	・透過心占率攔截顧客行為
・透過價格創造價值	・透過價值創造價格
・透過銷售產品賺錢	・透過品牌資產賺錢
・先賺錢再有錢	・先有錢再賺錢
・創業靠資本	・創業靠資源

當你在成立公司的時候，不停演講能創造個人知名度，就比較容易吸引志同道合的高手加入你的團隊；有了知名度，就算還沒有成立公司，也比較容易拿到天使投資人的錢。在天使投資公司有一句行話「投資就是投人」不管在創業的短期、中期、長期來看，品牌不只是一個logo，更是一種被大眾所感受到的理念、態度、思維、甚至是獲利的模式。在所有能展現品牌精神的地方，就該不斷的累積你的品牌印象，例如衣著形象、辦公空間、簡報視覺、演講風格、產品風格、企業文化、生活態度、製程要求、未來使命……每一個創業家務必在創業過程中都應該讓自己變成具有品牌識別的創業公司。

向國際知名的對標企業致敬

　　每一個書法大師的誕生都是從臨摹另一位大師的書法作品開始的。很多創業家在創業前都專注在自己本身的專業能力上，從來沒有做過生意也沒當過老闆，要去思考怎麼建立商業模式有一定難度。這個世界上大部分的商業模式都有很多成功案例，只是你如何找到他們並從中擷取提煉出精華為你所用。在中國有一個有趣的現象，就是只要會模仿你就能賺錢，比如京東商城模仿的是亞馬遜、淘寶模仿e-Bay、支付寶模仿的是PayPal、滴滴模仿Uber、優酷模仿美國的YouTube、微博模仿美國的臉書、微信模仿Whats App。中國的這些頂尖互聯網生態圈的大老，每個都是模仿出來的；但是他們全部在模仿對方之後，會

再依據自身及當地的條件做修改，超越了原來的模仿對象，有一天當Line想開始加入Facebook的社群貼文功能後，才發現將Line加上Facebook之後的混合體，就是大陸人普遍使用的微信。以前中國的風投公司，在投資前只問一句話，別談你的商業模式有多厲害，你只要告訴我美國有沒有成功案例，有的話錢就投進來了。

為企業建立更多的利潤來源

在所有人的認知當中，麥當勞毫無疑問是一家速食餐廳，但看過《窮爸爸、富爸爸》這本書的都知道麥當勞不是靠賣餐賺錢的，而是靠房地產賺錢的。其實麥當勞賺的也不只是房地產，他們賣開麥當勞餐廳的知識，也賣麥當勞的服務，甚至食材費、物料費、物流費……收取的每一種費用，都是企業的一個盈利點，幾個盈利點就可以形成利潤流，當各個利潤流匯聚起來變成利潤池，就能透過金融性盈利，創造企業更巨大的收益，因此我們來試著理解麥當勞是如何創造不同的盈利點的。

❶ 賣開店、加盟的盈利

首先開一間麥當勞的成本大約在1500萬左右。他們幫加盟商開一間麥當勞收3000萬，等於用1500萬成本開一間餐廳再賣給加盟商3000萬。每開一家店獲利1500萬，所以他不是賣漢堡的，而是賣漢堡店的。

❷ 賣行銷、管理的盈利

當他賣掉一間店賺到第一筆錢，還會另外向每家店收取大概6%左右的連鎖管理費及品牌行銷費。如果一間麥當勞餐廳一年有1億的營業額，6%的管理費就能收到600萬。拿了行銷費後再去打麥當勞的廣告，不但能提高門市的生意，累積的品牌知名度和信賴感，又能再吸引更多人加盟他們的連鎖門市，就算你退出加盟，你先前幫忙出廣告費所建立起的品牌價值還是他的。

❸ 賣食材、物料的盈利

麥當勞不賣餐，而賣服務麥當勞餐廳的大小事。首先他將賣餐點的盈利讓加盟商去賺，因此大家拼命拿錢加盟麥當勞，接著當店數越來越多，全世界開了4萬家，這個時候麥當勞就變成了全球最大的食材和包材公司，所有麥當勞餐廳裡的肉片、麵包、飲料、漢堡盒、餐巾紙、炸薯條的油……所有的食材原物料通通得跟麥當勞總部購買，所以他賺的錢不是賣餐而是賣食材和包材。

❹ 房地產增值的盈利

後來麥當勞又開始做房地產。房地產1.0階段土地是自己買的，2.0階段是靠地產開發商提供的，例如一家地產開發商把價值6000萬的店面免費提供給麥當勞使用3年，麥當勞剛開始很開心，後來發現原來開發商把店面免費借給他使用，目的就是為了得到麥當勞開幕後產生的龐大人流，讓周圍的土地變得熱鬧而值錢。當麥當勞弄清楚後，發現3年免租金對建商來說只是小錢，但周圍地價變高賺的是大錢。麥當勞進入3.0階段後先去租一條街

下來，等麥當勞餐廳一開，客流量多起來。那條街越來越熱鬧，接著開始月月收租、年年收租。接下來4.0開始就買下一條街要租要賣都可以，這階段開餐廳對麥當勞而言只是拿來引流的，用開店的效應賺錢這叫金融性盈利。

❺ 餐點銷售的盈利

麥當勞有一款大麥克漢堡是他們家的招牌主打產品，再來還有各種口味漢堡，然後是蘋果派、雞塊、玉米濃湯這種配餐，最後是最賺錢的可口可樂這種飲料。麥當勞的利潤排序是「無利、微利、中利、暴利」雖然大麥克漢堡是他家的招牌產品，我們以為招牌產品應該是賺最多錢的，但C/P值最高的大麥克漢堡其實是拿來引流的，而可口可樂才是用來賺錢的，因此你會發現到麥當勞點餐，不管你點哪一種套餐，基本組合都是配可樂給你。

❻ 可樂的補貼盈利

每次問大家可口可樂為什麼是最賺的？幾乎所有人回答都是因為可樂裡加了很多冰；其實不只是因為加很多冰，而是可口可樂跟房地產邏輯是一樣的。土地開發商提供免租金的店面給麥當勞是為了引流，因為土地增值的利益很高；可口可樂也一樣，花20元買一瓶可樂，其中有15元是廣告費和銷售費用，另外3元是瓶子，2元是可樂，準確來說你花了20元只喝到2元的可樂。可口可樂公司找麥當勞合作，因為可口可樂知道要把可樂賣的更多，最好的方法就是培養人們喝可樂的習慣。你到麥當

勞點餐，每個套餐都會配可樂給你，所以對可口可樂來說不用花自己的錢做行銷、不用出瓶子的錢就就能賣掉一杯可樂，只要價格超過2元都是淨利潤。可口可樂公司願意將一杯20元價值的可樂賣給麥當勞8元，讓麥當勞一杯賺12元，麥當勞當然很願意用力去推廣，這就是先讓利後獲利的經典案例。

許多企業的盈利點只有產品銷售利潤，因此當產品銷量下降時，企業的唯一獲利來源就會受到致命打擊，但從麥當勞的利潤流案例可知，一個多元豐富的盈利點能夠為企業帶來龐大的利益，所以在設計企業的商業模式時，一定要將構築出一層一層的盈利模式來。

跨界競爭的時代，對手不一定是你熟悉的

過去時代的競爭者，都是你熟悉的人。開餐廳的時候，你隔壁的餐廳就是你最大的對手。顧客在搜尋關鍵字的時候，跟你一起被搜尋出來的商家名單也是你最大的對手。我們從小就知道可口可樂最大的對手是百事可樂，BENZ最大的對手是BMW，但在這個新的時代，競爭者的概念也發生了劃時代的改變。可口可樂現在最大的競爭者是礦泉水，因為現在消費者可能更注重健康，所以他們寧可喝水也不喝含糖碳酸飲料；汽車最大的對手也可能是Uber。大陸有本暢銷科幻小說叫《三體》，裡面有句話反映了這個時代「我消滅你，與你無關」。小說內容是講述一群外星人路過地球，看到了地球上的人類，

就像我們看到了路邊停著不動的蟑螂，蟑螂什麼事也沒幹並沒有得罪我們，但是我們什麼也沒想一腳就伸過去踩扁了牠。

其實這個時代也有很多這樣的案例。中國有一款手機遊戲叫做王者榮耀，造成了每個年輕人隨時都拿著手機不停的玩手遊，因此導致了口香糖生意嚴重下滑，因為以前無聊的時候大家會嚼口香糖，但現在玩手遊的時候要開語音，沒辦法吃口香糖。手遊跟口香糖本來是毫無無關的兩個產業，卻因為一款手遊讓口香糖的銷售直線下滑，可謂無妄之災。以前我們在家不方便煮飯的時候會吃泡麵，所以在大陸把泡麵叫做方便麵，但現在你會叫美團、熊貓這種餐飲外送平台，一樣很方便而且吃的選擇更多，自然影響了泡麵的整體銷量。美團和熊貓是科技公司，卻嚴重影響了統一和味全這種食品龍頭的生意。去年尼康相機因為業績不斷衰退，裁員2000人撤出

iPhone 11 Pro Max 512GB成本結構分析

名次	功能元件	成本價格
1	三鏡頭拍照系統	73.5 美元（約新台幣 2,300 元）
2	觸控螢幕	66.5 美元（約新台幣 2,000 元）
3	A13仿生處理器（高速運算)	64 美元（約新台幣 1,980 元）
4	存儲芯片（記憶體）	58 美元（約新台幣 1,800 元）
5	射頻芯片（無線收訊）	30 美元（約新台幣 930 元）

拍照才是智慧型手機最有價值的部分，運算能力是為了高畫質影音遊戲的推陳出新，因為照片及遊戲越來越多，所以容量跟著提高，而手機主要功能的無線收訊卻是最便宜的設施。

了中國市場，原因是現在的手機都擁有照相功能，畫質直逼專業相機，而且攜帶更輕巧、拍照更方便，還能及時錄音錄影。專業相機的鏡頭設計是向著外面，但是現在手機的主要鏡頭其實是向著自己，要是拍照者覺得自己長胖了還是沒睡好，還能打開APP直接拍出一張直逼明星的網美照片，連修圖都不用了，所以尼康相機只剩下專業人士使用，於是手機取代了相機界的存在地位。

　　大潤發的總裁這幾年面臨公司嚴重的衰退的，感慨的說了一句話「我贏了全世界，卻輸給了時代。」因為現在買東西也只要滑手機，何必一定要人擠人去逛賣場。如果你是遊戲玩家，你應該聽過Switch和PSP，但這種掌上型的遊戲機，現在已經很難再回到當年的盛況，因為手機上面的遊戲更多更好，畫面更漂亮，而且打開手機就能找人對打，不一定要買一台遊戲機，更氣人的是大部分的遊戲都不用錢就能玩，還是全中文的介面，再也不用玩充滿日文、英文的外國遊戲。這場手機取代一切的不對等的戰爭發生在一個叫做時間戰場的地方，因為每個人在同一時間，都只能做一件事，我們在手機上追劇的時候就算開著電視，你也不會注意到上面播放的廣告，就算還有消費者看電視，一有廣告就開始低頭滑手機。於是無數專業的大型廣告公司，花了數千萬預算所做的廣告片，完全無法有效進入消費者的眼睛裡，大品牌跟小品牌做行銷的方式開始重新洗牌。如果你不會在喝可樂的時候同時喝其它飲料，不管是手搖飲還是礦泉水都有可能取代可樂；如果你不會一邊叫外賣一邊吃

泡麵，外賣就可能取代泡麵。取代你生意的競爭者可能來自於四面八方，你根本不知道什麼時間會出現什麼對手，一個路人就輕鬆的取代了你原本做了幾十年的事。

過去十年誕生了許多獨角獸公司，背後卻也倒閉了數千萬間創業公司，這些創業家及創業團隊的成員大都來自科技產業。當這些新創公司因為資金鏈斷裂倒閉的時候，從競爭激烈的資本市場退下來的新創戰士，被迫離開了他們原來的戰場，投身到許多不同的行業，他們就像一群橫空出世的外星戰士，手持高科技武器，用過人的戰鬥經驗，突然降臨到一個小山村，瞬間把那些原本風平浪靜的傳統產業，帶來驚人的震撼與破壞。像瑞幸咖啡這樣的公司一一出現，他們打破了行業的規則，殺的你措手不及，完全顛覆了你對產業的理解，他們勝利的原因正是他們沒做過你做過的事。

跨界競爭：競爭者不再來自於同一個產業

	傳統競爭對手	未來競爭對手
產業背景	你的同行	別的產業
產品思維	提供產品功能	滿足顧客需求
熟悉程度	過去聽過	從沒聽過
思維模式	傳統思維	顛覆思維
競爭範疇	同一個國家	任何角落

創業賽道選擇

從獨角獸的賽道
看環境與趨勢
分析全球新創發展方向

隨著創業投資興盛，美國老牌的創業投資公司紅杉資本提出了一個投資策略叫做「賽道理論」。所謂的賽道理論就是先從全球整體環境與趨勢，選擇一個主要投資產業的大方向，只要方向對了成果就不會太差，那個大方向就是所謂的投資賽道，然後再根據賽道上選擇一批正在賽道上準備起跑的賽馬。不在賽道上的就不去理會，再來就是針對具有獲勝潛力的賽馬投資下注並等待驗收成果。

這些被資本加持的賽馬會像超級賽亞人一樣瞬間力量湧現，就像頭上長出了長長的角變成「獨角獸」。獨角獸就是指那些成立不到10年，還沒上市估值超過10億美元的新創公司。據胡潤研究院（Hurun Research Institute）2019的研究報告指出，電商及金融科技是目前獨角獸最為盛行的兩大領域，占了所有獨角獸品種的三成；雲端技術及人工智慧分居第三、第四，這些產業

就占了獨角獸總數的一半，由於大部分的資本公司他們只投資固定領域上的賽馬，這些領域不但引領了第四次工業革命，許多創業家也嚮往其中發展性。我們也可以用這種邏輯去思考獨角獸集中的賽道，也就是大資本家認為值得發展的賽道是不是與你的產業相關。近年獨角獸的原產地已經快速的從歐美移到了中國，大陸跟我們生活、文化、語言較為相近，中國賽道趨勢也值得我們參考。美國獨角獸多為雲端產業，中國則是電商，金融科技在哪都很吃香，皆位居第二。中國由於龐大的人口紅利，其金融獨角獸的市值甚至可以達到美國的4倍。如果你是一匹賽馬想成為獨角獸，出身地也是一種考量。

2019全球獨角獸分佈國家

	獨角獸出生地	獨角獸數量
1	中國	206
2	美國	203
3	印度	21
4	英國	13
5	德國	7

中國跟美國都是因為光內需市場就很龐大，新創公司不需要進行辛苦的海外布局就能得到足夠的生存養分。同樣地大物博的印度排名第三，但實際產生出的獨角獸卻只有21間，大約只有中國和美國的10%左右，但也許有一天印度也會崛起成為創業獨角獸大國。至於哪些城市

具有孵化獨角獸的潛力，哪裡最有機會接觸到那些獨角獸公司的創業者和員工，那麼想要選擇在哪一座城市創業，也可以當做一個參考，說不定等你遇到他們之後，聽完他們如何變成獨角獸的心路歷程，就再也不想創業了。

2019全球獨角獸分佈城市

	獨角獸城市	獨角獸數量
1	北京	82
2	矽谷	55
3	上海	47

創事業像組賽車，跑什麼賽道就組什麼車

　　不只投資看賽道，創業也要看賽道。其實成立一家企業和組裝一台汽車一樣，每個企業是由許多不同功能的部門所組成，每一台車也是由許多不同的零件所組成。每個零件之間必須彼此相互協調、協同運作，車子開起來才會順，速度才會提高。如果彼此協調不好，甚至把不同用途的零件硬湊在一起，車子開起來就會顛簸不停，甚至引擎產生高溫而報廢。很多人認為，最好的車就是速度最快的車，那什麼是最快的車？當然是F1方程式賽車，可是要參加F1的賽車，你必需找到非常多F1專用的超級零件，就算你湊齊了90%的賽車專用零件，但如果你只買得起一般的輪胎或引擎，卻硬要拿這些零件來組

裝賽車，就算讓你勉強撐到了F1場上參加比賽，你也絕對是輸家，甚至可能引發機器和零件的故障，造成行駛的危險。所以要參加什麼樣的比賽，必須先審視自己本身所擁有的資源跟實力，硬撐著越級挑戰不一定是最好的選擇。

其實每一種生意模式都像一條賽道，跟每一種消費者做生意也是完全不同的賽道。當你選擇了不同的賽道，會遇到的狀況也會不一樣，例如如果你是一台F1賽車，全車搭配了最好的零件、最快的引擎、最好的操控系統，整體速度已經調教到最強的狀態；但是當你面對的是越野賽道，沿路上充滿了各種巨石和泥坑，即便你能夠達到的速度再高、零件再好，在這樣的越野賽道上都沒有發揮的餘地，甚至跑到一半零件就碎裂一地。相反的，如果你選擇一台獲得多項冠軍的越野賽車，去參加了F1的賽車也占不到便宜。也就是說F1就該參加F1賽車，越野車就該參加越野賽，不管你想參加哪一種比賽，你都要為那場比賽的賽道特徵組裝出最適合讓他發揮實力的競賽工具。打個比喻零件的搭配就像企業運作的各種部門，大家的性能跟妥善率必須一起提升，就算你90%的零件都夠好了，但問題最終還是會發生在剩下的10%上。就像一個木製水桶能裝多少水看的不是長板有多高，而是最低的木板有多低，一個新創企業如果沒有依據自身的能力選擇一條適合它的賽道，並且邊開邊測試零件的協調性，在創業的過程中全力狂飆的風險極高，越想超越其他對手就越危險，因為在殘酷的創業賽事中。大家永遠只關注第一名，如果在你選擇的領域裡，你只是敬陪末座的小白，不會有任何人給你獎勵。所謂唯一就是第一，你應該選擇一個讓自己容易當第一名的創業賽道。

找對賽道，讓劣勢變優勢

　　如果選擇了正確的賽道，你的顧客不會在乎你的缺點，卻會珍惜你的優點。優勢和劣勢不是取決於你口袋裡資源的多寡，就像跑步這種運動，爆發力和耐久力都是跑步時最需要的能力。但是如果你選擇的是短跑，在你發揮持久力前賽事就已經結束；如果你擁有極高的爆發力，但你卻去參加馬拉松大賽，一開始的時候，你的速度的確可以超前其他選手，但過不了多久，你的體力耗盡，就會慢慢被對手給追上。所以創業千萬不要覺得資源少就沒有機會，只要做對了賽道的選擇，你的劣勢也能變成優勢。

　　我們再舉一個買水果的例子，很多人到了菜市場的時候，看到地上有積水就會選擇跨過去，你看到一群人擠在一起，會很興奮的鑽進去看看是不是有什麼好康。挑選水果時你聽到賣水果的攤販喊破喉嚨的招攬生意，並親切的用台灣國語跟你說話，結帳時還會問老闆能不能多送你一顆橘子，因為這個時候你需要的是新鮮跟便宜；但如果你去的是超市賣場，看到地上有積水你會非常生氣，會要求店員立即過來處理，賣場裡的水果都是同一價格，不能殺價也不能凹東西但你還是願意來，因為這個時候你需要的是便利和衛生。如果你去了百貨公司的貴婦超市，30顆櫻桃也許就要1000元，貨架整齊明亮，還有古典樂陪你逛超市，你享受的是一種生活品質。結帳的時候，店員如果敢大小聲的朝你大喊「動作快一點，趕快結帳走人。」你一定會馬上翻臉請經理出

來道歉，覺得他們的服務態度不佳。

　　為什麼一樣的水果放在菜市場裡，一斤三百元你嫌貴？放到了貴婦百貨，數量少一半價格卻漲了好幾倍，你卻覺得理所當然。你喜歡在菜市場裡面跟老闆大聲互動，但在百貨公司你卻難以接受。原因正是把同樣商品放到了不同的賽道，就變成了不同的生意。誰都希望產品給的更少賣的更貴，但是如果你沒辦法在百貨公司租攤位並花大錢裝潢，也請不起那麼多服務人員來侍候一位刁鑽顧客，那麼這個生意肯定不是適合你的賽道。如果你沒有足夠的錢，但你卻擁有低價新鮮的水果貨源，你一樣可以在菜市場裡殺出一片天。雖然菜市場裡每個產品售價更低但是銷量更大，付出的成本也低，千萬不要認為只有百貨公司的貴婦才是你唯一目標客戶。大家都希望自己的企業高大上，成立企業的目的就是為了獲利，從低資本快銷售的角度上去選擇適合你的賽道，就可以讓創業「資」半功倍。

上不上市？企業金流賽道選擇

　　大陸知名的連鎖咖啡館「瑞幸咖啡」，在創業19個月後成功在美國納斯達克上市。瑞幸咖啡一年的營業額為1.253 億美元，但淨虧損達到 2.413 億美元，原本就已經呈現持續虧損狀態的瑞幸咖啡為何還能在美國上市？其實瑞幸咖啡融資是為了快速做大，上市的目的就是融資打敗星巴克，但星巴克是國際級的競爭對手，如果

瑞幸咖啡也想成為國際級的連鎖咖啡品牌，在美國納斯達克上市是最好證明自己的方式。而資本市場的遊戲規則，從天使輪、A輪、B輪、C輪到Pre-IPO輪，這些已經投資瑞幸的創投或私募基金都知道，瑞幸19個月來已經虧損了38億人民幣，而且連瑞幸咖啡的執行長都不諱言不知何時才能開始獲利，但創投公司也有自己每年要達成的KPI，他們想賣掉手上的瑞幸股權，就必需有人接手才能把股權變現獲利，大家一起將瑞幸咖啡拱上IPO（首次股票公開發行），期待當瑞幸咖啡站在美國資本市場的聖殿，就能吸引大量散戶投資人進場，創投就可以慢慢出脫那些早期低價持有的股權，這就是資本市場為何都希望被投資的新創公司能夠IPO的原因，說穿了瑞幸賣的不是咖啡，而是資本的遊戲。

京東商城在大陸是僅次於阿里巴巴淘寶商城的第二大線上購物平台，京東商城從成立之後十多年來每年持續出現龐大虧損，公司的市值卻不減反增？因為大家思考的是既然第一大的阿里那麼值錢，排名第二的京東也不可能低到哪去吧！因為在創業投資市場，像瑞幸和京東商城這樣的公司，都不是透過直接銷售賺錢，而是透過估值快速增長，吸引下一輪投資的資金進入，每一輪融資都會讓估值再度攀升，前幾輪投資的投資人依據現值賣掉股權後可以擁有數倍的報酬開心退場。而在台灣創業投資環境剛在孵化，因為市場較小估值也低的可憐。因此很多的台灣新創公司都前往大陸發展，希望能透過資本市場「快速增長」。「快速成長」的目的是創造一個

更大的本夢比，將「估值」大幅提升，再用融到的資金壟斷市場建立行業地位，變成新創獨角獸。喝過瑞幸咖啡的都覺得其實口感普通，能成功上市的關鍵因素，就是把自己拉高去對比星巴克，雖然兩者相差甚遠，但如果你是行業第二，即便差距很大但在評估「估值」時，第二大跟第一大的差距讓股價更具想像空間。

　　這幾年我們看到很多創業家完全不管營收和損益狀況，努力把公司撐上了納斯達克發行股票，但因為在納斯達克，競爭者全都是一等一的全球龍頭企業，因此就算上了納斯達克也只是滿足了心裡的虛榮心，歐美投資人根本不會買你的股票，所以股價不漲反跌，為了上市所耗費的資源也不是體質差的企業能承受的，最後創辦人搞的身心俱疲宣告下市。當然在納斯達克上市的目的不一定是為了真的在美國融資，因為數據顯示在美國上市的中國企業，最後募得的資金大多還是來自中國，其實根本沒有必要在美國IPO上市，因為在美國上市的目的也可能是為了建立品牌國際知名度和信賴感，方便他從別的地方獲取資金，但美國最近已經開始緊縮了中國中小企業在納斯達克上市的數量，審核速度大幅減緩，要求也提高許多。如果你只看到別人拼命在美國IPO，卻不懂他們背後上市的目的就一味仿效，未必是一件好事。

成為賺錢的公司或是值錢的公司？

　　企業有兩種金流賽道，一種是當一個很賺錢的公司，一種是當一個很值錢的公司。賺錢的公司未必值錢，值錢的公司未必賺錢。賺錢的公司很會賣商品，值錢的公司很會賣自己。像瑞幸咖啡這樣的公司雖然不賺錢，但因為他們的門市夠多所以很值錢，但因為短期快速投資了太多門市，把資金全部壓在門市上，那些裝潢、設備都要經過很多年的攤提才能解除資金壓力，所以短期內不可能賺錢。雖然賣咖啡想要回收慘賠的38億人民幣很難，但因為股價值錢，所以別人投資進來的錢就取代了靠咖啡賺的錢。如果你的生意賺錢能力沒問題，但很難複製擴大，既然不缺錢是否還要上市？就像藝人、網紅這種營收很高，靠的是個人魅力但很難複製的產業，就算成立經紀公司也無法保證營收都永遠穩定，上市就必須公開財務狀況，接受政府的稽查，本來偷偷賺錢沒人知道，現在每分錢都要繳稅，聘請的助理人員還得符合一例一休不能加班超時，諸多限制反而綁手綁腳。所以上不上市跟每個企業家想追求的目標有所不同，有些人喜歡做大，到納斯達克上市上櫃就是大的表現，但因為上市公司知名度高，因此發生了什麼風吹草動就會引起社會的關注。中國第二大電商京東商城董事長劉強東在美國發生性侵疑雲後，雖然未被法院宣判有罪，但京東股價兩天累計暴跌16％，市值蒸發72億美元（2215億台幣），劉強東的身價也縮水11.21億美元，光2019一年京東股價已經大跌25％。在資本市場裡打滾，錢來的快

去的也快，有時候默默地當一個隱形冠軍沒什麼不好，起碼賺的錢夠用，就算穿著拖鞋逛夜市也沒人會理你。人怕出名豬怕肥，一旦成為風雲人物，你的個人負面行為就直接影響公司的價值，投資人的箭雨可能將你活生生射成刺蝟，甚至逼你放棄公司的經營權，把你和公司的關係立即切割，因此選擇是否上市也是創業家們必須選擇的金流賽道。如果要上市，就要把每年的營收做漂亮，寧可多繳稅也要讓績效逐年提高，如果不上市，那麼每年把營收做成負數也無所謂，還可省的每年的收入太高被國稅局盯上。

精實創業攻略
從痛點找突破點
用敏捷式思考提出解決方法
用 MVP 測試接受度

根據經濟部中小企業處創業諮詢服務中心統計，台灣創業第一年就倒閉的機率高達90%，存活下來的10%中，又有90%在五年內倒閉，其中排名第一名創業失敗原因如下就是「缺乏市場需求（42%），第二名是現金用盡（29%）。為了提高創業的成功性，並且驗證商業模式是否可行，建議創業家不要一開始就將所有的人力物力大量投入市場，而應該小規模的做一個創業測試，邊做邊找方向。創業家艾瑞克・萊斯所提出了《精實創業》這個新概念，對於正要創業的朋友可以好好參考，因為很多人都是創業後才開始學習怎麼當創業家的，但是邊做邊學的成本很高，一不小心就會導致投入過大無法回收，甚至虧損連連因而結束創業。

如果看過Go Car那種小型賽車就知道，一台汽車最重要的核心功能就是能跑，要讓汽車能能跑最少要具備油箱、引擎、方向盤、煞車、輪胎、車體、座椅，只要將

這些東西組裝起來就能測試這台車能否正常運作，其它剩餘的功能像冷氣、皮椅、方向燈、烤漆……都只是圍繞在這些系統上做更多的「完美化」而已。如果看過汽車使用手冊就知道，一本厚達500頁的功能、按鈕、系統介紹，你也只要知道最基本的幾個功能就可以上路。可是在創業初期很多創業家會把所有的資源一次性的投入進來，例如開一間餐廳，先租下能坐50張座位的店面，店租貴、裝潢貴、光廚房大就得採購一堆廚具、還得請幾十個人來服務顧客。但是問題很可能不是出在你的裝潢上，而是你的餐廳定位與附近的住戶需求是否吻合，你一次把所有的資金用盡了，最後發現原來附近出沒的都是上班族，他們白天午休時間短，下了班就想趕緊回家，根本沒時間在你的餐廳慢慢吃飯，你的裝潢導致餐點價格偏高，結果只有少數老闆會帶客戶來，其它時間都冷冷清清。創業初期不要把太多的錢花在學習教訓上，而應該用最小的規模先試著做做看，以測試市場的接受度，這就叫精實創業。

其實現在餐飲外送平台那麼發達，如果要開餐廳，不一定要真的去租一間實體店面，而是透過線上平台訂餐並外送餐點，你可以跟早餐店一起合租廚房成立虛擬餐廳，他們賣早上你賣下午和晚上，一樣可以「開發」出幾個菜單，透過外送訂單來「評估」哪些菜是大家必點、哪些菜大家不愛。「學習」到結論後再開始選址裝潢正式開店，才是一個比較安全的做法。

這樣從「開發」、「評估」到「學習」的過程，就是精實創業的核心精神。但是汽車的核心功能是行駛、食品的核心功能是好吃、線上商城的核心功能是提供商家線上開店和提供消費者線上購物，如果只是把產品做出來並不能滿足消費者的核心需求，因此想要找出消費者真正想要的核心功能，並把它做出來還有幾個步驟。

從消費者痛點、爽點、癢點中找到找出營運的突破點

不管是產品或是商業模式，本質上都是為了滿足消費者的真實需求；如果只懂得做出產品，但做出的產品根本對消費者無關痛癢，那麼即使創業了，產品一樣銷售不出去。因此新創公司一定要比成熟公司更努力研究消費者，找出他們未被滿足的需求。我們在尋找消費者需求的時候，可以使用三種方法，第一種是「頭腦風暴（brain storming）」，讓團隊成員把自己當成使用者，投射過去的生活經驗，用換位思考的角度進行探討。另一種方法是直接找消費者進行深度訪談，如果沒有透過深度訪談和觀察去挖掘出消費者洞察，所獲得的痛點假設都是不夠具有參考價值。再來是「競品分析」，研究競爭者推出的產品功能，也是低成本獲取消費者需求的方式之一。有一個重點特別重要，就是在這個階段都不要去思考痛點的解決方案，只要確認找到的痛點、爽點、癢點，都是真的有機會突破消費者心防的突破點。

用敏捷思考，集中火力提出解決痛點的方法

　　時間就是金錢，部門之見與過多的組織層級都會影響風暴會議的效能。敏捷式開發（Agile Development）是許多知名科技公司內部使用的產品開發流程，想要提升組織效率，最快做出符合顧客需求的產品，可以考慮推行「敏捷開發」。以前開發產品是研發部門的事，其它單位負責找碴。現在應該跨部門整合成聯合小組，不管是主管還是員工一律扁平化，在最短時間內一起發想出能解決消費者痛點的可行方案，指派幾名「消費者」針對提出的方案給予回應。如果消費者無感就反覆進行討論，這個階段就是要透過不同專長的整合，並且打破上下階級，訂出討論的時間表，頻繁的提出各種能解決問題的「假設方案」，所有的思維都圍繞在解決「消費者」的問題，直到創造出令消費者無法抗拒的「利益點」。

用MVP測試市場接受度

　　精實創業的目的就是在面對不可知的市場，減少「完美商業計畫」的資源浪費。我們應該從最小規模創業邊做邊調整方向，用最短的時間開發出最低限度功能的產品（MVP，Minimum Viable Product）。雖然這樣的產品並不「完美」但堪用就行，因為這個階段的目的是放到市場上讓消費者體驗並提供意見，觀察他們是否符合期望中的反應，並取得數據做為下個階段產品的調整

依據。在MVP產品推出的同時，也可以驗證這樣的商業模式是否可行，如果不符合市場的期待，也可以因為投入的資源不多立即決定是否要暫停計劃，並且從中「學習」到經驗。

推出新產品或服務時，我們總希望盡善盡美，滿足消費者的期待，但在創業過程中，如果提出的概念不一定有經驗可循，新創公司的資金也不夠把產品做到最好，不妨將想法或技術先做出來，盡快的投入市場，蒐集顧客意見後再快速改進。

所謂的MVP不一定只限定於產品，也可能是商業模式、網站或是任何一種服務概念，所以只要能夠和消費者進行溝通或測試都可以算是MVP。例如雲端儲存服務的元老Dropbox，在成立之初，執行長德魯‧休斯頓（Drew Houston）也是用一段三分鐘的「說明影片」，示範產品的使用方法，因此吸引了數十萬人觀看，並成功獲得了7萬5000人登記試用。

全球90%的創業公司會失敗，排在第一位的原因是缺乏市場，推出的產品或服務其實是個偽需求，消費者並不是真的需要他們做出來的產品。新創公司擁有的資源有限，想要做出完美的產品並不實際，因此在創業前或創業初期，應該先透過「痛點風暴」找出顧客的痛點，再集中火力「敏捷開發」出能解決顧客問題的產品。最後不先追求產品的完美，而是用最低功能的產品原型「MVP」，立即找消費者來測試接受度，只要測試的數

據證明消費者願意買單這項產品，就可以將結果發布，吸引更多投資人投資，有了錢再好好把產品或服務完美的做出來。

企業頂層戰略與賽道選擇總結

賺錢這件事向來都是內行人賺外行人的錢，勤快的人賺懶人的錢，有資源賺沒有資源的錢，眼光長遠的占鼠目寸光的錢，甚至有錢人賺窮人的錢。創業也是一樣，有規劃的贏過碰運氣的，花心思的贏過花錢的，創業跟圍棋一樣，第一步定全局。

有位創業家說：「創業者的眼前往往只有兩條路：一條是機率為10%的存活之路；另有一條，是將近90%的淘汰之路。」所以只要選錯路，創業失敗的機率將遠大於成功，但千萬別被高失敗率所嚇跑，因為最大的失敗就是不參與，不管上班也好或者創業也罷，成敗最關鍵的是心態，而不是狀態。創業的時代，大家都是摸著石頭過河，但不要害怕前進，更別因為害怕不敢前進。正如陽光與暗影總是相互伴隨一樣，遇到挫折就面對它、分析它、學習它，只是挫折再來，下一次就會戰勝它。

日本首富孫正義，陳述自己在住院的一段時間裡，看了將近3000本書，因此積累了龐大的知識量，最後才創業成功。後來有位作家想為孫正義寫自傳，特別去找到了孫正義當年的主治醫生，雖然事隔多年還是對孫正義印

象深刻，他說：「孫正義的確看了3000本書，不過大部分都是一些漫畫書。」創業的過程其實是痛並快樂著，每個成功或失敗都是由自己定義的，我們應該感謝這是創業最壞的時代，也是最好的時代，只要保持積極樂觀，總有一天再回顧這段過程，未來的你一定會感謝今天付出行動的你。

CHAPTER

2

商業模式

打造新創獨角獸
跳脫傳統市場既定框架

創新的商業模式

21 世紀的競爭
不是產品與產品之間的競爭
而是商業模式和商業模式之間的競爭

不同的時代企業獲利的邏輯是截然不同的，我們把賺錢的模式分為三種類型，第一種類型我們把它定義為以「產品為中心」的公司，也就是說能讓你賺錢的是產品，追求的是利潤最大化，這種公司每天就是努力製造產品，然後把產品賣掉，獲得利潤。這是台灣目前最多的一種生意型態，為了獲得更多利潤每天研究如何提高收入，如何降低成本，核心目標就是努力賺錢，統稱叫做「賺錢的公司」，賺錢在這裡是一種動詞。

第二種類型的公司，以跳出了產品思維框架的特性，既然有那麼多公司都能做產品，那麼我就不要做產品而經營通路，把所有的時間精力花在如何製造流量，對他而言不是以產品的利潤為核心，追求的是以現金流為核心，並研究如何增加產品的流量形成規模化，以及如何尋求新的盈利點，於是把它定義為「有錢的公司」。這類型公司的特質是當別人花時間在研究產品，他努力的

在建立通路；當賺錢的公司每天追求利潤最大化時，他卻把利潤讓給了顧客，有錢不是名詞而是一種動詞。

第三種類型的公司是以「用戶為核心」。所謂的用戶是使用服務的人，由於使用者並沒有付費購買服務所以不算消費者或顧客，我們稱之為用戶。這類型的公司認為能夠真正產生獲利的，既不是產品也不是通路，而是來自用戶，所以他們花大量的時間放在研究用戶，讓用戶使用的很開心。他們追求的目標，既不是銷售利潤也不是現金流，追求的是估值和市值（估值是企業上市前預估的價值；市值是企業上市後股票發行數總價值）。簡單的說，他們的目標不是如何讓公司「賺錢」或「有錢」，而是讓公司如何變得更「值錢」。這類型的公司我們會稱它做「值錢的公司」，值錢是種動詞。

傳統、現今、未來的商業模式

傳統的時代，很多老闆認為有產品就能賺錢，所以花很多時間在研發和生產，這種公司的獲利模式比較傳統，我們可以把它稱為「傳統模式的公司」，這樣的公司通常追求產品利潤最大化。另外一種公司我們稱為「現今模式公司」，也可以稱之為「現金模式公司」，因為這種公司賺錢的模式就是靠通路賺現金流。最後還有一種公司是以用戶為核心，它根本就不追求今天的利潤，而是追求企業未來的價值，所以我們稱這種公司為「未來模式公司」。

我們舉SONY電視為例，SONY毫無疑問就是以產品製造為核心的一間公司。第二種類型的公司就是燦坤電子，燦坤沒有自己生產電視機，但是燦坤可以一樣能賣電視機賺錢。如果SONY電視機不好賣，就換Panasonic的電視機來賣一樣賺的到錢。即使現在的人改在手機或電腦收看節目，電視機銷量減少也無所謂，他們依然可以靠賣電冰箱、洗衣機、手機、電腦賺錢。

　　傳統公司靠的是產品賺錢，「現今模式公司」靠的是通路賺現金流的錢。他們只要通路隨時有貨可以賣，有人上門來買，就可以賺走整個家電產業的錢。而「未來模式公司」就像亞馬遜商城或京東商城，就是以用戶為中心的公司，他們賺錢的核心，既不是生產了什麼產品，也不是擁有多少間門市，而是平台上有一群黏著度很高的大量的用戶。賣家電可以不賺一分錢，只要家電賣的夠便宜，就能吸引更多新用戶進來，雖然賣家電沒賺到錢，但可以讓這群用戶去買化妝品、買衣服、買包包。低價產品只是一種吸引用戶的引流的工具，只要平台上隨時有一群人在，各式各樣的錢都可以賺。雖然這些用戶買產品不用給平台任何手續費，從定義來說他們不是亞馬遜、京東的顧客或消費者；但當有一群整天想在這個平台上花錢，商家就願意給錢上來賣產品。即便是京東已經連續虧損了十年，但只要隨時想賺就能讓流量變現，京東商城的市值就會一直高居不下。

微利時代來臨，企業的未來在哪裡

「傳統模式、現今模式、未來模式」這三種模式就是因為獲利的時間點不同，所衍生出的一個截然不同的商業模式。時代不同，賺錢的邏輯截然不同。傳統模式通常處在「暴利期」的時代，當時的產品非常匱乏，只要有工廠不管你做什麼產品都能賣，生產出產品的同時就幾乎等於是已經賣掉產品，就算自己不製造產品但做代理商、批發商都還是很好賺，擁有產品往往擁有「暴利」。大家知道賣產品能賺到錢之後人們就開始猛開工廠，做產品的企業越來越多，同性質的產品越來越多，整個產業進入到微利期。緊接著就進入「通路為王」的時代，因為所有的產品都在競爭，不管是哪一家產品賣的好或賣的糟，通路都是最終的贏家，而且這些通路賣掉產品收益，會在幾個月後才兌現支票給廠商，通路收到的是大量的現金，光靠現金流就可以利滾利，付款卻可延後。事實上產品好、品牌大的公司，都是在暴利期的時候做大的，面臨微利競爭的時候，以產品為獲利模式的公司，就慢慢演變為以通路為中心的新型模式公司。然後通路模式的公司越來越多，大型量販店一家家崛起，他們透過低價引流手段壓倒中小型賣場，產品商被要求壓低價格到幾乎無利可圖，但不透過這些通路又很難將產品賣掉，惡性循環導致做什麼都很能賺錢，大型量販店爭的就是誰擁有更多人潮，誰就能比對手有機會撐到最後。

緊接著時代又再度開始改變。剛剛我們介紹了「未來模式公司」的核心是想方設法擁有最多用戶。誰手上有顧客或用戶就能在競爭中笑到最後，對線上商城來說，哪怕所有的電冰箱、電視機、洗衣機都不賺錢也無所謂，因為還可以透過收取手續費、會員費、廣告費、物流費等各種名目賺錢，不斷聚積大量的現金流和沈澱資金，一樣可以生生不息。

　　不同的行業在不同的時間點，能賺到錢的模式是截然不同的，什麼樣的公司才是真正能夠獲利的公司呢？簡單來說，不是手裡有產品就能夠賺到錢，而是有通路、有用戶的公司，因為這類型的公司，想做什麼都可以，做什麼也都很好做，人流在手、賺錢有我。

新的創業時代是商業模式的戰爭

　　每次有人提到商業模式，就一定會提到現代管理學之父彼得‧杜拉克說的：「21世紀的競爭不是產品和產品之間的競爭，而是商業模式和商業模式之間的競爭。」那麼什麼叫做商業模式呢？很多人以為商業模式只是像傳銷、聯盟行銷一樣換個方式賣產品，事實上商業模式的本質就是你的企業「賺錢的方式、做生意的邏輯、生存的本事。」為什麼過去不需要商業模式，而今天創業卻需要研究商業模式？原因很簡單，過去的競爭大部分都是來自產品層面的競爭，所以賣產品只要把這三種產品競爭模式搞懂就好：

❶ 產品差異化競爭模式

當大家的產品越做越成熟，外型功能都趨向一致（類似手機或汽車），消費者開始想找一種特別的產品，我們如何將產品做得跟別人不一樣是生意的關鍵，例如將產品打造成奢華精品、格調高尚、走在時代尖端，我們稱為「精高端」；或者將產品做成新鮮的、稀奇的、獨特的。我們稱為「新奇特」，就能夠提高價格從市場切割一批消費者從「功能賽道」轉換到「品牌賽道」。

❷ 低價競爭模式

如果像衛生紙這種很難跟同業做出差異化，同時也做不到新奇獨特的產品，那就做低成本策略，也就是雖然產品都一樣，但價格能做到比別人低很多；因為這類的產品每天都得使用，而且只要用起來別刮傷皮膚，厚薄不會太過離譜，老婆買了什麼品牌回來你也不會太過在意，通常價格低的就佔優勢。因為一天省1元，一年累積的價差就會出現，透過價格引起你的注意，產品就從「無感的消耗品賽道」轉換到「有感的性價比賽道」。

❸ 一次購足競爭模式

如果真的沒辦法差異化也沒辦法低成本，那麼可以朝向把各種產品集中一次賣掉，也就是綑綁式銷售。也就是將消費者使用某項功能需要的產品一次賣給他，例如將兒童上課需要的鉛筆、小型削鉛筆機、小尺、橡皮擦、鉛筆盒一次成套賣給他，裡面的產品利潤有高有低，組合在一起價格就會讓消費者無從比較，還能讓賣

的少的鉛筆盒跟必須買的鉛筆一起賣掉。

當你創業時想過的各式各樣產品，市場上都找的到；你賣的很便宜，對手更便宜；你做的很特別，別人做的也不一樣，那麼這個時候，光是產品層面的競爭明顯已經慢慢不足，這個時候真正能夠賺錢的核心，不是你能生產或是擁有多少產品。

企業存在的意義就是獲利，而是你有沒有一套能夠獲利的模式，能夠將產品快速變現？通路就是賣的人，顧客就是買的人，當你了解你的顧客是想買新奇的，你就可以用差異化模式把產品變成精品，拉高價錢狠狠的賺他一筆。當你知道你的顧客是家庭主婦，你就設計出一套模式便宜的把東西賣給他，同時你還有獲得利潤。知道媽媽每次幫孩子買開學用品要東找西找很麻煩，就綁在一起一次賣他。

設計出一套商業模式去連結賣的人與買的人，任何產品都能快速賣的掉。但想要做到差異化競爭，你必須找到能夠幫你製造差異的設計師，甚至是說服精品品牌授權聯名；想要做低價模式，你必須找到願意用低於行情的價格賣你原料的供應商，降低你的進貨成本，在利潤不變的情況下壓低你的銷售價格；想做一次購足模式，你必須整合除了你以外的各種商品，讓他們願意跟你一起綁定銷售。產品競爭模式的背後也有許多衍生的工作必須去整合，例如找出目標顧客、聯合供應商、打造產品特色、拉攏

通路、壓低成本提高獲利、品牌行銷、讓顧客不斷再購買……因此商業模式就是設計出一套方法，幫你整合協調每一個關鍵環節，創造不斷循環的獲利流。

用戶行為數據對商業模式的影響

當你的平台擁有了大量的產品銷售與用戶交易資料，再來就是建立龐大的用戶數據。什麼叫用戶數據呢？如果賣東西只留下顧客的姓名、電話、地址，那就不叫用戶數據而只能叫基本資料。真正的用戶行為數據，不只是買過你產品的「消費者／顧客」，也包含還沒買過產品的「用戶」。如果你為品牌建立了一個資料魚塘，用戶數據就像魚群，會不斷進進出出，但只要記錄的資料越多，魚塘就越龐大，生意就一定會越來越大。例如像淘寶、亞馬遜、PC home等線上商城，這些商城用戶上來是買商城上的商家產品，沒給過你錢所以不算是你的顧客，但這些用戶買過哪些東西、生日是哪天、住在哪個地區、他的臉書帳號、他的消費習慣、興趣嗜好、有沒有在情人節挑選禮物你都無一不曉，所以未來你就會隨著你掌握的用戶數據越來越多，企業就會變得越來越值錢。例如根據你的用戶資料分析，你可以提供製造商怎麼去研發一款必定大賣的商品，或篩選用戶喜歡的產品來經銷代理。

你知道他們在哪看到你的產品資訊，知道他們看了誰的影片影響產品決策。例如有人在你的商城看結婚戒指，

你就知道他即將結婚，下一步可以推薦婚紗、蜜月旅行、換車、買房、月子、嬰兒用品、產後瘦身產品……再去跟婚慶公司、旅行社、汽車、建商、月子中心、嬰兒用品店、健身房收取一大筆錢，因為他們想要找的顧客就在你的手上。有了數據你不只可以提前知道顧客的產品使用週期，也可以針對他們的行為推斷他們接下來需要哪些商品。

　　我的祖父年輕的時候跟前台灣首富王永慶一樣在村裡開雜貨店，50年前的農村交通不發達連電話都不普及，買東西有時必須走上40分鐘才能到鎮上，必須一次採購所需的東西才不會浪費時間。街上的雜貨店很多就像百貨公司一樣人來人往，每家雜貨店都忙著招呼生意根本沒人會有空跟顧客多講話。當年王永慶開的雜貨店，會很認真的記錄誰跟他買一包米、家裡有多少人、住在哪裡，當他估計對方快吃完的時候就打電話問要不要幫他送米過去，同時也會連柴米油鹽都一起賣給了對方，如果這個客戶有孩子，還會貼心地送他一顆糖，畢竟糖果在那個年代是很稀缺的資源，每個月孩子們都很期待他的到來，在顧客還沒決定要跟誰買時就已經把貨賣給對方。當時笑王永慶多此一舉的對手都一個個被他打敗了，王永慶最後能夠靠雜貨店致富，並累積出一筆錢來建立台塑集團，就是因為50年前已經知道掌握消費者數據的重要。我祖父的雜貨店後來也敵不過王永慶而賣掉了，但學習到的顧客管理方法，也幫他在後來陸續成功地開了好幾間餐廳。

商業模式是新創一無所有時的唯一武器

透過商業模式的設計，你可以精準地掌握你的目標顧客，並依據他們的採購決策偏好，去設計一個能滿足他們需求的商品，再透過品牌行銷和通路渠道去建立銷售循環，再將上下游整合成共同的利益關係，進而減少你的成本，增加你的利潤，達成不斷創造利潤流的生態系統，這就是所謂的商業模式。

很多人誤解商業模式僅僅是用來解決產品銷售的方法，事實上這只是商業模式的一部分，因為企業真正能夠賺錢的核心邏輯已經不單只是銷售產品。當UBER沒有一台車，卻是全球最大的交通公司；當Airbnb沒有擁有任何一間飯店，全世界想要找旅館的人第一個就是先找它；當全世界已經跨越到創新商業模式的時代，你還在用50萬年前的原始人撿貝殼換象牙的傳統產品交易模式。如果不是這個商業模式太傳統，就是人類太久沒進化。新創公司的劣勢就是沒有足夠產生信賴和知名度的品牌歷史、沒有資源、沒有顧客群、沒有人才和通路。新創公司唯一的核心競爭力就是創新，透過創新的商業模式，在競爭激烈的商業戰場中後發先至、換道超車，就是新創公司為什麼必須學習商業模式的原因，因為你們的戰場不在過去或現在，而是即將到來的未來！

天使輪的時候，你公司說不定都還沒有成立，天使投資人為什麼要投資你？因為你雖然還沒有開始營運，但你

手中已經有了一套賺大錢的方法，這個方法就叫做「商業模式」。企業裡每一個專業主管都各司其職負責自己的核心板塊，例如財務長（CFO）負責財務相關問題，營運長（COO）負責營運相關問題，行銷長（CMO）負責品牌行銷相關問題，技術長（CTO）負責資訊、技術及大數據相關問題，生為一個執行長（CEO），你最重要的工作就是依據趨勢和資源決定競爭賽道，並建立一套能夠在賽道上生存下來的商業模式，因為商業模式是每一個創業家責無旁貸的重要任務。

如何透過商業模式滿足顧客的核心需求

台灣受日本服務文化的影響很深，我們總是不斷的教育大家「顧客永遠是對的」，我們應該要努力滿足顧客的需求並從中獲得應得的利潤。但如果你是餐廳老闆，當你問顧客想要什麼？想加強什麼？想降低什麼？我相信答案肯定只有一種：「我希望吃到米其林三星的餐點，並且肉換大塊一點，服務跟衛生做的好一點，大幅降低價格，最好是不收錢！」這就是典型顧客想要的。

很多創業家才剛開公司，根本還沒開始賺錢，口袋裡的預算不足，但顧客的慾望無窮，如果盲目的滿足顧客鐵定不用多久就倒閉了。創業就像一顆盆栽，需要適度修剪分枝才能讓營養集中在主幹上。每次我輔導創業家，很多人總帶著過多的激情創業，例如「我想開一間咖啡館，然後腦袋就開始浮現一間看起來很像巴左岸咖

啡館，空氣中瀰漫著咖啡香，在法國香頌的旋律中，老闆專注的烘焙著咖啡豆，一位優雅的男士坐在角落翻著莎士比亞，桌上放著一杯Espresso，另一位女生坐在窗邊，優雅的端起caffè latte，從她上揚的嘴角，我們知道她啜飲的不是咖啡，而是一段充滿詩意的邂逅……」

我不得不暫停大家的想像，因為這不是在拍左岸咖啡的廣告，而是在談一個生意。從上面的想像中，老闆賣的是咖啡還是咖啡館？很多人覺得這兩者並無區別，但在生意的角度上，賣咖啡跟賣咖啡館是兩種完全不同的生意形態，開一間咖啡館可以拆解成幾個要素選項：

❶ 顧客：懂咖啡的行家或想休息的路人？

❷ 地點：人多的商圈或無人的巷弄？

❸ 裝潢：古典或簡約、昏暗或明亮、要幾張椅子還是都不要椅子？

❹ 團隊：只能請一位，你要請專業咖啡師還是擅長經營的店長？

❺ 產品：貴但少人點的精品咖啡或便宜但多人點的花式咖啡？

❻ 品牌定位：行家才知道的巷弄老店還是很多人愛來打卡的網紅潮店？

❼ 通路渠道：門市體驗店或O2O門市體驗加線上商店

❽ 核心價值：賣咖啡的風味還是賣咖啡館的座位？

❾ 品牌行銷：靠口耳相傳或是廣告行銷

❿ 關鍵利益人：有無熟識的咖啡大賽冠軍豆商還是空間設計師？

⓫ 關鍵資源：自己老家種的咖啡豆、店是女友老爸的店租不收錢？你有什麼做這生意的優勢？

⓬ 利潤流：除了咖啡的收入，還能收到哪些錢？

　　如果認真的看完上面的選項，會發現開一間咖啡館不是大家想的那麼簡單。50個人就會組合排列出50間完全不同的咖啡館，但哪一種才是最適合你的咖啡館？如果看懂了這個要素組合會影響做生意的方式，那我們就可以再進一步的分析「星巴克」是賣咖啡還是賣咖啡館的？充電插座跟咖啡豆有沒有關係？

前往星巴克的理由	1.逛街腿痠了進去休息
	2.手機沒電了想充電
	3.約會時間還沒到，小憩一下
	4.需要用電腦
	5.學生想找地方寫作業或報告
	6.約人談事情
	7. 我需要喝一杯咖啡或飲料
	8. 我只喝星巴克咖啡

➡️

什麼是星巴客
最重要的顧客核心需求？
是咖啡？
還是咖啡館？

首先我們來分析一下什麼樣的情況下你會想去星巴克？透過訪談我們問出了簡單的幾個理由：

從上面的調查推測，有多少人的答案會是：「我就是超愛星巴克的咖啡，其他咖啡滿足不了我」？如果沒有，我們可以推論出這群顧客的核心需求是：「我需要一杯不差的咖啡，而且有一個可以放鬆的環境，讓自己獨處或跟朋友討論事情，最好能方便我使用電腦和手機」，所以如果要滿足這些人的需求，吸引他們上門變成忠誠顧客，星巴克要提供的核心價值應該是：「星巴克能提供家的自在跟工作的機能，而且需要休息或喝咖啡的時候能很快找到我們」。從這個核心價值來看，星巴克賣的是空間場域的機能還是咖啡的品質？答案當然是空間的機能。所以如果你想開一間跟星巴克顧客需求相同的咖啡館，但是你口袋裡的資金有限，你應該把70%的資金放在裝潢上，還是把70%的資金花在咖啡豆跟咖啡師的費用上？當然是裝潢；投資在電源和店員哪一個能幫你帶來更多生意？當然是可以供筆電充電的電源，因為投資

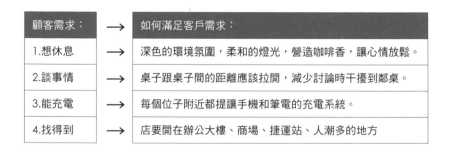

顧客需求：	→	如何滿足客戶需求：
1.想休息	→	深色的環境氛圍，柔和的燈光，營造咖啡香，讓心情放鬆。
2.談事情	→	桌子跟桌子間的距離應該拉開，減少討論時干擾到鄰桌。
3.能充電	→	每個位子附近都提讓手機和筆電的充電系統。
4.找得到	→	店要開在辦公大樓、商場、捷運站、人潮多的地方

更少卻能產生引流；裝潢風格應該是明亮或是昏暗？當然是昏暗，因為很多人是進來放鬆休息的；當你在開創一個事業時肯定會遇到很多選項，以往我們可能是透過個人直覺或喜好來做判斷，未來我們應該把答案聚焦在採用哪個選項，更能滿足目標顧客的需求。

上面就是星巴克滿足顧客的方式，其實問對問題，答案就解開了一半。商業模式的重點在滿足顧客的核心需求，簡單說就是「為誰解決什麼問題？或為誰提供什麼價值？」釐清對象是建立商業模式的第一步，所謂對象不對溝通白費，星巴克的主要顧客就是白領上班族，只要解決上班族的問題就能獲得他們的認同，說不定提供電源就是吸引顧客前來的臨門一腳。但如果沒有商業模式的概念，你可能一輩子都不會把USB充電座跟咖啡豆聯想在一起。開店位置跟附近的主要客群也息息相關，如果你把店開在菜市場附近，你的咖啡館就會變成附近大媽買完菜聚會的地方，價錢可能要更低，店裡要能喧嘩，空間要明亮，可以推出蔬菜果汁或甜點，甚至要早一點開門，到了晚上大媽都早早回家追劇，八點就可以打烊關店。對象改變，一連串的要素都必須做出改變，這就是為什麼商業模式要把「顧客洞察」放在第一的原因。

商業模式 GPS 架構

完美規劃創業藍圖
精準的導航出擊
打出一場漂亮的商業戰役

對於創業者來說，商業模式最重要的重點在於透過聚焦和精煉的方式，幫你找到精準的市場切入點、產品的核心價值、競爭模式和盈利模式。商業模式GPS導航圖也可以稱為企業的作戰規劃圖，共有11個模組所構

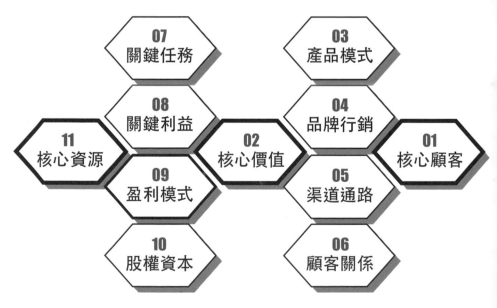

- 07 關鍵任務
- 03 產品模式
- 08 關鍵利益
- 04 品牌行銷
- 11 核心資源
- 02 核心價值
- 01 核心顧客
- 09 盈利模式
- 05 渠道通路
- 10 股權資本
- 06 顧客關係

成，這11大模組涵蓋創業項目的所有的重點，只要能將這11個重點清晰的搞清楚，我們就會知道現在收先該做什麼。大家在了解的過程中，可以一邊思考你的創業項目。

商業模式GPS導航圖共有哪些模組呢？接下來我們將依序討論這11個模組的內容，而這11個模組內容其實是有先後順序的。

模組1：精準核心顧客→找到最可能立即買單的精準顧客

誰是你的核心目標顧客？這一個問題常常被我們忽略或形容的過於模糊，往往我們在定義目標顧客時，會希望全世界每一個人都是你的顧客，但能同時能吸引這麼多顧客的產品其實並不存在。如果顧客群這麼龐大，那麼光是針對他們做行銷的費用就勢必龐大，還有一種就是形容的過於抽象，例如24~50歲男性上班族，這群人橫跨了社會新鮮人和高階領導主管，他們思考事情的方法和對價格的考量完全不一樣。新創公司一定要設法把目標顧客設的「精準」。一樣賣水果，菜市場跟貴婦超市的顧客就是不一樣，兩者的痛點跟需求也很不一樣，就像馬雲說的「一個企業一定要找到一群天塌下來也一定會跟你買單的顧客」所有的商業模式都是圍繞著滿足「目標顧客」的核心需求為主軸，也是商業模式中最重要的一部分。

❶ 誰是我們的「精準目標顧客」

我們的產品到底是為誰設計的？誰是最有可能掏錢買的？千萬不要有了產品再來想怎麼賣，因 新創公司的資源有限，與其大海撈針去尋找顧客，不如針對一群「門當戶對」的顧客去好好經營。

我不能說我只是為了做這個產品而做，我們的目標點一定要設在到底為誰來做這個？我們看到了幾個目標客戶群，找出他們的需求，這個就是我們切入的機會。

❷ 找到顧客的「心理洞察」

顧客還沒被解決的問題就是市場的機會點，只要能找對問題答案就解開一半，我們以共享單車為例，人們的痛點就是你的目的地和捷運站間隔太遠，走路太慢太遠、搭計程車太貴、搭公車又不方便。共享單車完全解決了這些人的痛點，推出後立刻變成一個剛需產品。

・顧客的痛點是什麼？

・顧客的利益點是什麼？

・同類產品有無未被解決的問題？

・顧客有無未被滿足的需求？

・顧客有無未被重視的尊嚴？

❸ 滿足有價值的「核心需求」

服務業常說要把顧客當上帝，但所有的顧客都是貪心的，沒有人能滿足顧客的所有需求，因為他們的願望一定是利益越多越好，而且最好不收錢。新創公司的資金有限，我們不可能也沒必要全都照辦，我們必須釐清顧客最「核心」的三個需求是什麼？例如從痛點推測出顧客有哪些需求，再依據重要程度選出前三個必須優先滿足的重要需求，這些就是顧客的核心需求。就像商務旅館入住的是出差的上班族，公司能給的差旅費不高，出差的人只求乾淨舒服、交通便捷即可。只要能符合這些條件他們就會上門了，但若你把大廳弄的挑高六米、連電梯都是鑲金大理石、房間還裝了水床跟按摩浴缸，結果為了分擔成本將價格拉高，行銷又不知該向哪一群消費者做宣傳，而導致成本無法回收。就算成功吸引了人來，不同需求的顧客搭在一個電梯裡，彼此也尷尬。想把錢花在刀口上，就是先明確「為誰解決什麼樣的問題，幫誰創造什麼樣的價值」。

不同的住房旅店，顧客的前三大核心需求也不同

	商務旅館	汽車旅館	大飯店
顧客痛點	商務出差沒車不方便，想找一個乾淨的地方休息，同時收費又不能太高，以免報不了帳。	情侶約會想要玩得盡興，卻又怕被熟人撞見，或被偷拍。	主管或老闆出差，怕吵難入睡。全家出遊的家庭旅行。
需求1	交通方便離捷運近	情趣裝潢、按摩浴缸	服務好，附早餐
需求2	房間乾淨	隱密市郊、隔音好	舒適豪華
需求3	價錢適中、公司可報帳	停好車直接進房間	有演講廳或宴會廳

模組2：價值定位與價值主張→我們的品牌能為顧客帶來什麼

　　所謂的的「價值定位」是指企業找出顧客的「核心需求」。包括提供什麼樣的產品和服務，創造出你在「顧客心中的價值」？依據顧客價值提煉出你的「品牌價值主張」，從價值主張去修改你的產品特點、進入哪一個細分市場，深入該行業價值鏈的哪一些環節？所以應依序完成整個步驟：

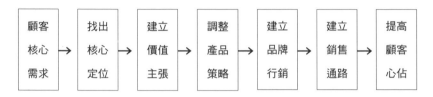

顧客核心需求 → 找出核心定位 → 建立價值主張 → 調整產品策略 → 建立品牌行銷 → 建立銷售通路 → 提高顧客心佔

　　生物學有一個名詞叫「生態位（Ecological Niche）」，按照生態進化理論，一個生態位裡的資源會被很多生物競爭，但最後只能被一種生物所佔據。就像蜜蜂與螞蟻的習性相近，但一個活動於天空，另一個就生存於地面，彼此互不干涉，才能各自繁榮。

　　品牌跟生物一樣，都有自己的活動範圍，我們可以想像生態圈其實是由無數格子所構成的圍棋盤，一個格子上面只能放一顆棋子，品牌和生物想要存活下來，就要找到自己不同於競爭對手的生態位。而消費者的心裡也有一張棋盤，每一個位子也只能容得下一個品牌，就像最便宜、最高貴、最虛假、最實用……那個「最」，就是

品牌認知差異化。只要佔據了消費者心智棋盤上某一個位置，想要換掉就很困難，例如我們想到什麼車「最安全」就會聯想到某VOVOL汽車。這幾年那麼多汽車品牌也都標榜安全，但沒人能撼動它的寶座。可是美國高速公路安全協會做了一份調查，十大安全汽車前十名居然沒有它，美國公路安全度數據調查VOVOL也僅排第三，但這絲毫不影響你在心中對它的認知，因為它長期牢牢霸佔了一個叫「安全」的品牌定位生態格。

模組3：產品策略→依據品牌價值主張去滿足顧客核心需求

　　如何將價值主張變成實際的產品，以往的企業都是先製作出產品再想辦法找人買。現在當我們已經知道了目標客戶群的核心需求，我們應針對這個核心需求，提出能符合品牌價值主張的產品。產品本身就是一種品牌溝通的管道，就像蘋果手機不斷的在強化品牌精神。產品的發展流程如下：

❶ 依據目標顧客的核心需求，找出痛點及需求點。

❷ 依據痛點及品牌核心主張去提出產品利益點來解決痛點。

❸ 做一個MVP最小可行性產品，測試顧客反應。

❹ 依據顧客反應修改成正式產品。

❺ 透過這個產品不斷強化品牌的核心主張。

模組4：品牌行銷→如何讓顧客知道你的價值主張

　　網路上流傳了一個笑話「帥哥知道妳月事來了不舒服，買熱巧克力給你叫窩心；但宅男照做卻被嫌噁心。」一個品牌要有品牌的姿態與形象，就像一個偶像藝人的背後，總有一群幕僚幫他取名、選歌、做造型、經營社群，甚至決定什麼話該怎麼說。品牌也一樣，不只是一個Logo，而是一連串顧客接觸你的感受，絕對不能標榜自己是高格調的品牌，卻每天在做低格調的文宣和狂打價格戰。

❶ **品牌識別**：所有的視覺都要保持一致，不斷在顧客心中累積品牌的識別記憶度。

❷ **品牌主張**：用一句話形容你的品牌與消費者的關係，例如某牌鋼筆「刻畫你的人生風格」。

❸ **品牌故事**：為品牌濃縮一個具有說服力與信賴度的故事，讓人對你更有印象。

❹ **溝通調性**：有的品牌幽默、有的看起來內斂，要把品牌當作是一個人，言行舉止一致。

❺ **廣告行銷**：從顧客洞察找出讓消費者改變認知行為和

想法的採購決策。

❻ 媒體行銷：從顧客最有可能接觸的地方攔截他們的接觸點。

❼ 社群行銷：內容為王，因為沒有人喜歡推銷，所以要用朋友的立場與顧客維繫關係。

模組**5**：銷售通路→如何讓顧客買到你的價值主張

　　想的到叫品牌，買的到叫通路。如何讓顧客想到我們就能買到我們

❶ 實體門市：線上無法取代的就是體驗，把店開在目標顧客會出現、或容易找到的地方。

❷ 線上商店：數據為王，分析你的顧客行為，誰來買？哪來的？買什麼？多久來？

❸ 虛實整合新零售：以消費者體驗為中心的跨線上與線下的消費模式。

❹ 工業4.0：提高製程效率，接單後生產，降低囤貨成本，創造顧客個性化和定制化。

❺ 招商加盟：建立區域代理商與品牌加盟商。

模組6：顧客關係→如何讓顧客不斷上門

　　行銷的目的是為了「拓展客戶」，顧客關係是為了「鎖定客戶」。因為獲得顧客的成本很高，一旦顧客成交了，我們就要努力挖掘客戶後續價值，努力與顧客維持良好關係，可讓顧客再次想到我們並購買我們的產品。如果有些產品人生只會用到一次，例如婚紗，那就一次性的把婚紗衍生的產品一併賣給他們，例如伴娘禮服、捧花、攝影……或讓他們主動幫我們宣傳或介紹新顧客，務必將客戶成本降到最低、效益拉到最高。

❶ 顧客關係管理：完整顧客資料，生日、紀念日、興趣、家人都會是生意機會。

❷ 顧客再銷售：高頻產品盡量成交第二次以上，低頻產品一次賣他A、B、C、D不同組合。

❸ 顧客推薦系統：透過獎勵制度，讓顧客主動推薦我們的產品給朋友。

模組7：關鍵任務→哪些是必須優先達成的目標

　　關鍵業務就是除了一般經常性業務，我們想要達成商業模式目標而必須去完成的任務。例如產品部門必須研發出怎樣的產品，財務部門必須壓低多少的成本，我們運營的平台要在多少的時間內創造多大的會員數，我們必須具體的找出整個商業模式裡最重要的環節。例如星巴克的關鍵任務不是做一杯好咖啡，而是開一間好咖啡館，因此把所

有的資源用來研究怎麼開咖啡館就是他們的關鍵任務。
Facebook想要賺到廣告費，最大的關鍵任務不是廣告
平台的收費合不合理，而是平台上的會員人數到底夠不
夠多，所以把所有的資源都集中在會員人數的增長就是
他們的關鍵任務。

模組8：轉換關鍵利益者→誰是我的夥伴？我能給夥伴什麼好處？

　　關鍵利益者就是對你公司的發展有著「利害關係」的對
象，他們跟你關係良好與否對你公司的發展影響很大，
一定要想辦法把他們變成你這邊的人。企業的關鍵利益
者有可能是「創投資本」、「供應商」、「企業家」、
「顧客」、「員工」，甚至是「無形資源」的擁有者。
例如咖啡店跟咖啡豆商是關鍵利益者，因為有了他你會
有更好更便宜的咖啡豆；髮廊跟美髮師也是利益相關
者，因為美髮師一走顧客也會走，若能透過方法，將利
益相關者綁定關係，轉變成為企業的核心資源，企業就
擁有競爭優勢。就像麥當勞的門市都開在人潮聚集的地
方，所以房屋仲介公司可能就是麥當勞的關鍵利益者，
因為當有一個很好的門市將要招租，房仲直接打給肯德
基，麥當勞根本連生意都做不成。在很久以前民間企業
很喜歡透過乾股與官方或民意代表形成緊密的聯盟關
係，這樣的方式其實並不罕見，但最重要的是你必須知
道誰才是你真正要拉攏合作的對象。

需拉攏關係的關鍵利益者	轉換成我方核心資源的方式
・創投資本	・市場關係
・供應商	・特許加盟
・企業家	・長期契約
・顧客	・參股合資
・員工	・合營分潤
・無形資源擁有者	・代理經銷

　　相同目標顧客的對象也能夠透過市場關係互相合作，例如，樂事洋芋片、百事可樂跟肯德基，看起來是不同的三個企業，販賣的產品也很不同，但他們卻有共同的顧客群，所以很適合進行合作。樂事薯片有天做了一個促銷活動，顧客只要買樂事洋芋片，裡面就有一張小卡，憑卡片到肯德基可以免費換一杯百事可樂；但顧客去肯德基不會只換一杯可樂，會加買更多肯德基的炸雞、漢堡套餐。可口可樂的業績也會隨著這些套餐提升，而消費者產生喝可樂的習慣後，在家也會喜歡買洋芋片來吃。這樣的合作成為三贏，如果能夠透過各種方法，讓你的關鍵利益者跟你綁定的關係，你的事業就會蒸蒸日上。

模組 9 ：關鍵資源能力→如何建立戰略優勢 與競爭防火牆

關鍵資源能力是建立企業一種可掌控的戰略能力，保護你的商業模式能夠擁有比競爭對手更好的抗風險能力，也是確保你的生意比別人更易存活的關鍵。關鍵資源能力可能來自於目標和理念（例如政黨或宗教）、對產業的控制能力（技術與貨源）或掌握機會環境的能力（團隊與經驗）。主要的關鍵資源大概可以分成下列幾類：

❶ **金融資源**：資金、股票、現金流、預估收益、投資併購。

❷ **實體資源**：廠房、設備、原物料。

❸ **人力資源**：經營團隊、員工的專業能力及經驗、判斷力、執行力。

❹ **資訊資源**：市場資訊、大數據資訊、產業資訊等可用於產生盈利的資訊。

❺ **無形資源**：品牌、商譽、歷史、文化。

❻ **客戶關係資源**：所累積的顧客資源或會員人數。

❼ **公司網絡資源**：集團關係網路。

❽ **戰略不動產資源**：可利用的房屋或地產。

❾ **知識產權資源**：知識、技術、認證、專利。

模組 **10**：盈利模式→如何降低支出，增加現金流及盈利池

❶ 成本系統

我需要支付哪些成本及費用？可以從哪些地方降低成本，或者花費一樣的成本但獲得額外的產品或資源。

❷ 現金流系統

現金流結構是企業現金流入和流出的結構。一個現金流能力不強的公司，即使生意很有未來，一旦資金短缺就會迫使英雄氣短，因此如何延長廠商付款時間，縮短顧客收現時間是很有意義的。很多公司週轉不靈就是因為現金流的能力不強，訂單接越多，不僅人力及原物料成本必須先支付，支付的金額也愈來愈大，等到產品交貨口袋的錢已經剩下不多。如果這時遇到緊急問題必須處理，就會產生極大危機。這也是我們很少聽過小吃店這種收現金的公司歇業，卻聽過無數擁抱未來的新創公司倒閉的新聞。

❸ 盈利系統

即企業如何從哪些為顧客提供的價值中獲得利潤來源。以現在的新創企業的條件其實很難在一開始就盈利，但是一定要想清楚你未來在哪個時間點，透過什麼樣的方式盈利。例如Google和Facebook一開始不盈利，但他很清楚知道當用戶人數龐大了就能透過廣告盈利。一個健康的企業利潤來源會來自很多方向，每一個獲利來源我們稱為「盈利點」，一群相同來源的盈利點會構成「盈利流」，一群彼此不同來源的盈利流會構成「盈利池」。

❹ 定價系統

· **成本定價法**：依據成本加利潤定價格，例如成本三
　　　　　　　　成、通路加三成、利潤加三成。

· **認知定價法**：像LV這樣的品牌，不管成本高低但消
　　　　　　　　費者認為是精品價格就能定很貴。

· **動態定價法**：比如航空公司會依據淡旺季調整定價，
　　　　　　　　淡季便宜、旺季貴。

❺ 免費模式

· 別人要收的錢你不收，別人的客戶就變成你的客戶。

· 別人收不到的錢你收的到，將利潤攤在別人看不到的

　地方。

· 別人要付的錢你不用付，將關鍵利益人變成你的核心
　資源，讓成本降低。

模組 **11**：股權及資本系統→內部股權激勵、外部資本擴張

❶ **金融路線圖**：從天使輪到IPO要經過幾輪融資，每次增發多少股份及預期股價。

❷ **股權激勵**：透過股權招募內部人才、綁定上下游及客戶、將關鍵利益者轉為競爭優勢。

❸ **資本擴張**：決定誰是你的戰略投資人、資本投資人，如何透過股權整併對手放大市場。

　　上述這11個模組就是商業模式裡的核心內容，而全部的模組都必須圍繞在「滿足顧客核心價值」上。火車為什麼跑得慢就是因為火車只有火車頭有動力，以前企業獲利的動力就是來自「產品」。但因為產品並不是為了滿足顧客需求而設計的，所以你有了產品還得大海撈針的找出顧客再想盡辦法賣給他，所以傳統的企業跑得慢，就是因為先有產品再想銷售。但是當你了解了商業模式，知道滿足顧客核心需求的重要，從了解顧客當成你的火車頭，你因此設計出的產品不但能夠一出場就變成熱銷產品，也會提升品牌跟通路的影響力，接著讓整個企業的資金運作進入高速發展，因此商業模式就像打造一條高鐵列車，每一個模組都像一個能自帶動力（利）的高鐵車廂，每一節車廂都為同一個目標帶來加速的力量，當然比傳統只有車頭有

動力的火車跑的快。新創公司已經和老品牌輸在起跑點上，如果你手上也沒有一個強大火車頭當靠山，那更應該精心設計每一個經營環節，讓企業價值快速增長。

　　當然商業模式裡的每一個模組裡還有非常多更深的細節，但這個單元的目的只是讓大家對於商業模式有個初步了解，之後會在單獨針對新創公司的商業模式，寫一本更詳細的實戰書，並把每一個模組用案例說明的更加清楚。但是即便不夠深入，當你在看完這個單元時，我們還是能通過這十一個模組，將你以前流於概念的經營方式梳理清楚，你可以跟你的核心團隊成員一起討論，相信當你能把每一個模組跟模組之間對應的關係真正想透之後，你的創業GPS導航圖或作戰藍圖，就會非常的清晰，也能夠打出一場又一場非常漂亮的商業戰役。

2-3

免費商業模式的威力
設計一個免費的策略
吸引大量的顧客上門
再從其它環節上賺取利潤

大家都知道「免費」是世上最貴的東西，但免費模式是個非常挑戰顧客心理的盈利模式，也稱為「逆向盈利模式」。本來該收什麼錢就不收什麼錢，乍聽之下有點顛覆我們過去的思考，但其實我們身邊有非常多的例子，例如過去看無線電視、聽廣播都沒跟用戶收過錢，但我們卻不知不覺地使用了五十年，再看近幾年的例子如Google、Facebook、YouTube、Line……沒有一間公司跟你收過錢，但為何這些公司的市值高達數千億美元？原因是他們的盈利點設計在顧客看不到的地方。以往的消費關係是因為產品跟用戶收費，因此用戶在購買時會在心裡產生各種抗拒理由說服自己不要買，既然使用產品或服務不用花錢，心裡的抗性瞬間消失，當然用戶擴展的速度就會倍增，再將原本該收的費用轉嫁到其它對象收費，例如因為用戶人數高就可收取廣告媒體費，因此免費模式就是當你獲取龐大用戶後，賺取背後延伸性盈利的方法。

2019全球互聯網用戶免費模式巨頭市值

公司	市值
Google	7752億美元
Facebook	4729億美元
騰訊(We Chat)	4220億美元

　　免費模式看似新穎但其實最早在110多年前，一位聰明的猶太商人在經營燈油業務時，就透過免費送你一盞燈的方式，接著銷售你燈油，逐一蠶食鯨吞的佔領了當地的燈油市場。

　　免費商業模式主要是由「免費價格策略」和「交叉補貼策略」兩個部分做運作的。過去的電腦防毒軟體都是收費的，防毒軟體市場幾乎都被大公司瓜分，小公司很難闖出一片天。就在大陸衛士360率先推出免費使用策略後，輕輕鬆鬆地打破大龍頭公司的壟斷，並立刻搶攻防毒軟體的第一把交椅！由於防毒軟體擁有最高的系統控制權限，還能大量分析你電腦裡的效能狀態，從而通過後續的電腦優化加速、升級、人工一對一服務來進行後續的盈利。後來很多手機防毒軟體也運用了這套方法，在手機系統出廠時就綁定預載了防毒APP。在你使用手機時它會不斷掃描你的手機，除了偵測有沒有病毒，還偵測你裝了哪些APP，再依據所裝的APP類型做分類，把對應的廣告投放給精準的潛在用戶。例如裝了三國手遊的人，一定也會玩其它類型的三國遊戲，所以使用手機

時，也會經常看到三國遊戲的廣告。看到你下載了英語學習類APP，也會同步提供你英語補習的廣告。

別人要收的錢你不收，當然別人的客戶就很容易變成你的客戶。獲取龐大的用戶數之後，可以賺取背後的延伸性盈利，只要瞭解箇中奧妙，你也可以輕鬆設計免費策略來吸引顧客上門，再從其它環節上賺取利潤。

11種顛覆未來的免費模式盈利模式

❶ 體驗模式

顧客往往對待一個新的產品抱著懷疑與渴望的雙重態度，讓客戶先感覺到安全與信任，就成了企業營銷的核心。體驗模式是讓客戶先進行體驗，當客戶產生信任後，再進行成交的方式。這一種模式，具體的可以分為兩種：

一種是設計出可以用於體驗的產品，客戶可以免費體驗該產品，感覺良好後再進行消費；一種是限定期間的免費體驗，就是客戶在期間內，可以免費使用該產品，再決定是否長期付費使用，這種模式很適合在訂閱經濟的年代，現在訂閱付費都是透過手機上的商城刷卡支付，除非產品體驗做得極度不佳，大部分的顧客都懶得主動去尋找解除訂閱的方法，因此系統會不斷幫你扣款訂閱下去，例如NetFlix、KKBox、Adobe都是。

❷ 第三方付費模式

　　我們擁有一群用戶，而有一些企業也需要我們的用戶，所以我們就成了一個資源對接平台。舉一個例子，消費我們產品的客戶將會額外免費得到其它公司的產品，而提供我們贈品的是想擁有我們用戶的第三方，就像是運動食品公司願意付費給健身中心，並提供產品給健身房當免費會員禮品，因為食品公司希望透過這個方式，讓健身房的精準會員體驗過產品後，未來會主動去購買健康食品。這個合作模式讓健身房不但不用花禮品的錢，還可跟食品公司收取商品推廣費，消費者免費獲得產品，而出錢的卻是第三方的企業。

❸ 產品免費模式

　　免費獲得產品，對於消費者來說，具有極大的吸引力。因此先透過某種產品免費來吸引客戶，而後進行其它產品的消費把錢賺回來，這種模式是一種產品之間的利潤交叉補貼，即某一個產品雖然免費，但該產品的費用會由其它產品產生更大的獲利，因此平衡了整個銷售。例如：某餐廳於晚餐時段推出啤酒免費，而上餐廳吃飯、喝啤酒總要叫點小菜，而啤酒越喝越嗨，一群人酒意助興之下，點了更多螃蟹大蝦，滿桌大菜的利潤遠遠足以彌補啤酒的成本，這就是典型的產品免費模式。產品免費模式可分為三種：

1. **誘餌型產品**：設計一款免費的產品，目的是吸引大量的潛在目標客戶。

2. **贈品型產品**：將一款產品變成另一款產品的免費贈品。

3. **分級型產品**：客戶可以免費得到基本功能的產品，但更多功能或個性化的產品需要付費。

❹ **顧客免費模式**

依據顧客的類型可以進行免費優惠：

1.限定對象

就像男生喜歡往女生多的地方跑一樣，群居是人類的天性，在人群中有些人對於另一群人來說，具有強大的吸引力。只要找出顧客中的一群特定對象進行免費，就能獲得另一群人的主動進行更高的消費，達成顧客與顧客之間的利潤交叉補貼。這種模式的核心關鍵，在於免費顧客與付費顧客的關聯性，例如：夜店的女士免費男士收費、遊樂園的小孩免費大人收費、餐廳的壽星免費朋友收費、風景區的老人免費家屬收費等等。

2.限定用戶數

比如一定數量的用戶可以免費使用該產品，但超過這一數目則需要收費。這種模式的有利之處是易於執行、易於理解；不利之處是可能侵蝕低端市場。目前許多培

訓公司常常會有這樣的廣告，例如某日之前報名就享有一定折扣或Google Mail對10人以下小公司免費等。

3.限定用戶類別

比如低端的用戶可以免費使用該產品，高端的用戶則需付費。這種模式的優點是可以根據其付費能力向其收取相應費用；缺點是難以驗證。如微軟BizSpark項目就是使用的這種模式，在該項目中成立時間少於3年且營業收入低於100萬美元的公司可免費使用微軟的商業軟件。

❺ 時間模式

時間模式是指在某一個規定的時間內對消費者進行免費。如：有些行業具有明顯的時間消費差異，並在某一天或某個特定時段進行優惠。比如百貨商場中的電影院，上午看電影的人少卻具有引流的能力，可以在上午進行看電影免費的優惠，吸引大量的顧客在上午進入電影院；而電影結束時往往已是中午，商場外既熱又餓，顧客便會在商場進行餐飲等其它的消費，然後接著又繼續在商場內血拼，想方設法將顧客一直留在商場裡。

要採用這種模式必須打破顧客的慣性消費時間，讓客戶形成時間上的條件反射，例如淘寶的雙11或星巴克的買一送一日。該模式不但對顧客的忠誠度、宣傳上有極大的作用，另外顧客還會因此消費其它的產品，進行產品間的利潤交叉補貼。再例如許多軟體喜歡使用限定時間免費策略，這種模式的有利之處是容易產生試用體驗，

也不會因為時段免費而影響整體市場；但缺點是消費者這個模式已經逐漸痲痹，因為他們知道試用期過後還是會收費。就像微軟在推出office 365的時候，授權電腦廠商們在新電腦上會安裝一個免費試用版，在過了試用期後，如果還需使用則需要通過線上購買金鑰來「解鎖」你的office。

❻ 功能免費模式

比如基礎版免費、進階版收費，這種模式最常使用在手遊上，遊戲商花大錢開發遊戲卻讓玩家免費下載，當玩家在遊戲裡忍受不了成長速度緩慢或希望資源勝過其他玩家時，就可以透過儲值（課金）升級成不同階級的VIP，儲值的階級越高享受的福利越多。遊戲公司提供免費遊戲先養成一定的用戶數，再利用玩家之間的競爭感、好勝心讓你不斷花錢。曾有遊戲公司執行長分享，一般付費遊戲頂多一套一到兩千，但免費遊戲中的玩家一儲值動不動就超過數千甚至數十萬，當你花的錢多了你就會習慣性一直花下去，因為不繼續花錢就無法保持自己的競爭優勢，一旦掉出了排名榜過去花的錢就等於浪費了所以會一直儲值。先讓產品跟顧客產生感情再進行細水長流的盈利，也是個非常成功的免費模式。

另一種功能免費模式是指將顧客在其它產品上需要收費的功能，在我們的產品上進行免費的使用，以換取顧客的長期使用。例如：手機免費提供了相機功能、雲端硬碟免費提供了隨身碟的存儲功能等等。這種模式將會愈演愈烈，科技公司將食物變成服務，像美團、Uber

Eats、Food Panda等快送美食，就讓泡麵市場的銷量一落千丈，原因就是在家享用美食變得更為簡單，因此不需要再家裡儲存一堆泡麵了，而手機因為提供了遊戲的功能，也讓PSP等掌上遊戲機的銷量一落千丈，功能免費是一種跨界搶用戶的概念。

❼ 空間模式

空間模式是指本來提供的服務或產品對於顧客來說是收費的，但現在只要前往指定的空間或地點，顧客就可以享受到免費的待遇。例如原本有一間KTV生意座無虛席，因此在另一條街又開了一間新分店，但因為展店初期許多顧客並不知道，因此為了緩解本店的人潮，也增加新店的熟客，於是推出一定期間內只要前往新店歡唱，就能免費提供酒水等服務，藉以將本店顧客引流過去，也藉這波活動吸引更多新顧客前往體驗。

❽ 捆綁模式

對產品實行捆綁式免費，即購買某產品或者服務時贈送其它產品。有些軟體會實行捆綁式免費策略，透過熱門軟體的銷售再送你另一款尚未打開知名度的軟體。捆綁式免費策略並不能為企業帶來直接收入，但能讓新產品迅速部署進市場，例如購買微軟Windows會送你微軟的瀏覽器或掃毒軟體。

跨行業捆綁模式是指將其它行業的產品變成我們的免費產品，條件是只要顧客消費我們的主要產品，就能免費

獲得其它行業產品，通常其它產品行業只是當做誘餌產品，透過捆綁式搭送來吸引顧客轉來消費我們的主力產品。這種模式使得行業之間的界限越模糊，甚至能將一個行業的部分或全部服務併入另一個行業。這個思維還是在於引流，好比陽明山上豪宅推出了一項促銷方案，只要訂購他們的豪宅，就能免費得到一部奧迪A8汽車，原因是A8車主大都是執行長級的豪宅精準顧客，當A8上市期間話題熱度最高的時候，透過贈送汽車可以引起本來正在關注A8動態的目標客群注意，當他們發現只要購置豪宅就能免費獲得夢想座駕，自然能產生很大的銷售驅動力。陽明山一戶豪宅要價動輒數億，送一部名車其實並不困難，但若能因此吸引目標顧客前來下單，省下的行銷費用是非常可觀的，而一次採購大量奧迪A8，肯定也能得到更低的購車優惠。

❾ 耗材模式

耗材模式是指讓顧客免費獲得我們的產品，但是該產品所使用的產品耗材，在下次更換時就必須由顧客自費購買，進而長期賣出大量耗材補貼產品成本。電信公司免費送你手機，條件是綁約2年內你每個月都要使用他們的電訊資費打電話；咖啡供應商免費送咖啡機放在你辦公室，但你要購買他們的咖啡膠囊；惠普的印表機最便宜一款才幾千元，但噴墨盒才是這家年營業收入逾千億美元的IT公司的主要利潤。現在我們常看到的飲水機、影印機都常使用這種耗材模式策略。

❿ 增值模式

為了提高客戶的粘著性與重複性消費，我們可以對客戶進行免費的增值服務。例如：買服裝可以提供免費修改；化妝品可以提供免費教你怎麼化妝；咖啡廳可以做到免費的咖啡品嚐教學等等。

⓫ 利潤模式

利潤型模式是指客戶能免費獲得我們的產品或服務。條件是我們將獲得對方因產品所產生的盈利分潤。如免費提供咖啡機給咖啡店，但咖啡店因此賺到的錢，每一杯必須分5%返還給我們。

免費模式案例

《五星級酒店免費讓你住還送錢給你花》

美國拉斯維加斯是著名賭城，一條街上就有十幾家五星級酒店，競爭非常激烈。有一家酒店地點偏僻，裝潢也比不過附近酒店，生意就越做越差。遇到這種情況，一般經營者會選擇死撐到最後一刻被迫關門，或者借一大筆錢重新裝修，吸引顧客光顧。其實虧本的關鍵原因就是人流不足，後來酒店老闆僅僅採用了一個方法，瞬間酒店就住客爆滿，成為街上生意最好的酒店。這個方法就是：

「住酒店收費500美金，還加送價值500美金的賭博籌碼，退房後再還你500美金。」旅客一看，就覺得免費住酒店還送價值500美金的籌碼，天底下怎麼會有這麼好的事！所以這個廣告一貼出，酒店馬上爆滿！

既然住宿免費，酒店怎麼賺到錢呢？其實關鍵就在那價值500美金的籌碼上。一般到拉斯維加斯的人，不管是為賭博還是來觀光的，基本上都會隨興玩上幾把。酒店設計了這一套方案，讓顧客免費到他們的酒店入住，到了酒店還送你價值500美金的籌碼，當你拿到這些籌碼的時候，幾乎都會到酒店附設的博場玩幾把碰碰運氣。大家都知道一旦上了賭桌，手上的籌碼輸光之後，一般人都會再掏錢換籌碼繼續賭。根據統計，每一位旅客入住期間在酒店內消費的利潤遠遠不止500美金。住酒店500美金，送價值500美金籌碼，退房後再返還你500美金，看似沒賺，但只要賭博賺的利潤大於住房成本，這個免費入住還送籌碼的模式就不會失敗。

　　這個模式還隱藏了一個更大的盈利點，就是魚餌太誘人了，很多顧客紛紛在旅遊淡季時先預定繳費了這個方案，而等到旺季才飛來拉斯維加入住並領取籌碼使用，因此酒店就快速累積了大量現金流在淡季進行重新裝潢。

免費模式案例

《買25萬元的雞精，送25萬元的廂型小貨車》

　　大陸有位知名企業家，公司經營滴雞精的生意，但市面上的類似產品很多，彼此為了競爭紛紛打出買雞精送贈品的促銷方案，導致產品雖然賣出去了但獲利實在是比以前低太多，於是他想出一套贈品模式，只要跟他一次訂購25萬元的雞精，就送你一台同樣價值25萬元的小貨車，而且這些雞精可以先付款再分批取貨所以不必擔心保存期限過期的問題。

他的顧客都是超商及小雜貨店，所以本來就會大量進貨，但現在一次訂購還送你一台等價的廂型車，簡直過於不可思議，每家店都紛紛退訂其它品牌的雞精改訂他們家的，而且因為買的貨太多，這些店家更會想辦法說服上門的顧客買雞精，努力清掉手上的庫存變現，因此加速了產品的流通性。

大家一定很好奇，為何這間雞精公司能實收25萬卻還送25萬的車給顧客，是不是想透過補貼先獲取大量顧客，再如何透過偷工減料降低成本？但老闆的想法不一樣，他先去找了當地汽車公司的總經理，並直言要買一萬輛小貨車，對方聽了覺得他是來開玩笑的，一個雞精公司怎麼可能需要買一萬輛小貨車，於是請秘書打發他走，根本懶得理他，雞精公司的老總只好說明了他的想法。

通常汽車公司除了生產，最大的成本是銷售，銷售成本包括人事及獎金成本、汽車保管及折舊成本、行銷成本及展示間各種軟硬體設備……等。一台車的利潤有三到四成都被這些成本給消耗掉了，但製造產品卻反而因為量大，擁有原物料的採購優勢進而增加利潤空間。因此雞精公司老闆提出一個條件，如果他能一次訂購一萬輛小貨車，他希望能以市價六成購買，但可分批交車，如此一來，車廠既省下龐大銷售成本，增加原物料採購利潤，掛牌數又一次增加一萬輛，對於車廠的排名有極大幫助，甚至地區總經理都可能因此直升汽車公司董事長了，因此果斷成交。但是大家都很好奇，雞精公司究竟

會如何支付這些購車費用？雞精老闆說明了他的另一個盤算，原來他在這個買雞精送25萬小貨車的策略裡，還藏有一連串的利潤點。

利潤點設計：

1. 宣傳時以同款高規配備版25萬做計算，但實際訂購的是商用低規配備款才值22萬。

2. 22萬的車又打了六折，其實只付了約13萬。

3. 獲贈車主必須跟他買全險，而他再跟保險公司如法泡製六折分潤，因此每台車又賺了三萬。

4. 一萬台車在城市到處跑就是活廣告，因此他將車身上的每一面都賣給廣告公司，車身依據位置不同貼上了各種廣告，只要車主不撕下廣告，前三年的廣告費雖由雞精公司收，但以後每年的廣告費都歸車主所有，車主都是商家小老闆，開車只是搬貨用，根本不介意車身有沒有廣告，看到多幾個廣告以後就能增加收入都很樂意配合，因此雞精公司又賺走了一筆廣告費。

5. 雞精賣25萬是終端售價，但事實上只要不透過中間經銷通路的剝削，工廠直接銷售的利潤可達七成，一次賣掉一萬組利潤也很可觀

　　以上只是其中5個利潤點，而整個計畫是包含了35個利潤點所累積的利潤池，因此看似賠本的生意，事實上裡面擁有許多隱藏的獲利跟降低成本的大學問。當顧客要

買雞精時，一樣是有品質保證的大品牌，一個送等價贈品等於沒收錢，試問你會買有送車的還是沒送的？

免費模式的五流機制

所以看似一個小小的免費策略，背後其實暗藏著許多秘密。大部分企業的困境其實並不是技術創新不足，更多的是商業模式上缺乏創意的問題。免費模式的核心其實就是跟顧客玩心理戰，利用的是顧客貪小便宜的人性弱點，只要設計出合理的盈利系統就能將效果放大，成本降到最低。想要將免費模式運用在你的商業模式中，必須具備以下幾個重要環節：

❶ 引流：

所謂的引流就是透過無法抗拒的免費商品或服務，吸引顧客前來，這樣的商品或服務必須是看似高價但成本卻很低的。例如前面說的買雞精送汽車這種讓你顛覆常理的超級贈品，如果是買東西送提袋這種可有可無的誘因，既無法引起話題也無法創造人流就沒有意義。

❷ 截流：

顧客一旦上門就必須提出讓他無法抗拒的誘因，讓他想要立即成為付費會員，否則享受完你的免費項目轉身就走，怎麼賠都不夠呢！例如：限時限量，儲值滿千送千等於一千抵兩千，讓他把錢先押在你這，留住他的錢就是留住他的心，以後他再回來自然有的是機會慢慢把錢賺回來。

❸ 回流：

不管透過行銷或是免費模式，第一次獲得客戶的成本永遠是最高的，而當客戶重複消費時成本最低利潤最高，因此當首次上門的顧客離去前，就必須設計出能讓他想要回來的懸念，善用CRM顧客管理系統，精準掌握顧客上門消費的週期，不斷在他最有可能消費的時機點提醒他回來消費。例如：下一次半價，或在生日、節日、假日……提醒他回來。

❹ 財流：

生意的本質就是獲利，當顧客再次回流後就必須設計出能增加更多產品銷售的機會，不管是顧客的直接銷售，或是透過顧客周圍親朋好友的間接銷售，目的都是將顧客當做一個礦山的入口，最終慢慢挖掘，開發出更多生意。所有的免費模式最重要的就是這個環節，因為前面花了很多的成本及時間，如果沒在後續創造出財流就沒有意義。

❺ 潮流：

當你的免費模式奏效，你的對手肯定都拿你沒輒，因為他們看不出你如何讓顧客黏著在你身上，也看不出你是如何賺到錢的，於是當對手紛紛投降後，你就可以讓他們加盟你的事業，成為你品牌的延伸，不花錢就能得到不斷的加盟，就能創造市場上的潮流。

用五流設計免費模式案例

《熱炒店送小龍蝦，儲值1000元送300杯啤酒》

大部分的熱炒店都會把店開在吃宵夜人潮多的地方，所以你最大的競爭者其實是你隔壁的鄰居，一般開幕的時候我們都會做低價促銷策略吸引顧客上門，所以當你提出優惠9折時，你的鄰居為了保住顧客，也一定會跟進打出9折優惠。當你打出8折他們就跟著打出8折，當你打出7折他們也會打出7折……這就是所謂的價格戰爭。但價格戰爭對於新品牌是不利的，因為你才剛開幕還沒賺到錢，對方卻已經在這裡開了10多年，他們可以用過去賺的錢跟你打價格戰，於是這間新開的熱炒店，越打越弱，打到最後撐不住了只好決定關門，後來有人建議他採用免費模式，並幫他們做了商業模式上的改變。

首先，他們提出了一個新的宣傳訴求「只要第一次來店，就能夠獲得一盤熱炒麻辣小龍蝦。」對顧客來說到本來就要吃熱炒，只要不難吃，多送麻辣小龍蝦的肯定比較受歡迎。於是大量的新顧客湧入，這個引誘顧客上門的流程，我們稱之為「引流」。

顧客上門之後，熱炒店又提出了新的優惠，只要當天儲值3000元，就送你300杯啤酒。而且當天就能兌換10杯，還加送了一個300元的電風扇。顧客心想10杯啤酒就價值100元了，再送一個300元的電風扇，加上300元的麻辣小龍蝦，等於當天獲得的總價值就超過700元，雖然儲值了1000元但就算熱炒店隔天就倒了也損失不大。所以每位上門的顧客都紛紛儲值，當顧客儲值了，錢在哪心就在哪，這種透過服務設計綁定客戶的方式，就叫做「截流」。

這家熱炒店給儲值的顧客一張會員卡，一般的會員卡上面都是店家的logo和資訊，有的還會畫滿格子當做積點卡。但他們卻在會員卡背面印了300杯啤酒。你喝了多少杯，他就劃掉多少瓶。以前我們拿到集點卡的時候會覺得礙眼把它丟掉，但是這張會員卡上面印了300杯啤酒，所以每次你拿錢包的時候，卡片上那300杯啤酒就不斷提醒你它的存在，所以你不但不會丟掉，最後還像在錢包上裝了GPS一樣自動把你帶回來。每次看到300瓶啤酒還沒喝，就會呼朋引伴找朋友一起去去喝掉它，一個人喝的時候叫悶酒，你頂多點一兩盤小菜，可是一群人喝的時候氣氛嗨，酒和菜的消耗就很快，你可能因此多點十幾道菜。300杯啤酒每次只能兌換10杯，等於為你帶來顧客30次上門消費的機會。如果顧客帶了新朋友，每次再送一盤小龍蝦，帶來的朋友看到之後也會紛紛儲值，透過機制設計創造更大的盈利，這麼多的儲值金，還沒消費就已經存在你這裡，我們稱為大水庫理論，你就從賺錢的公司變

成有錢的公司。雖然台灣現在儲值需要信託，但光是儲值金延伸出來的存款利益，銀行還是很樂意跟你做生意的，說不定量大時光跟銀行談貸款利率或放款額度就能因此獲得優惠，所以這個流程我們稱為「財流」。

顧客儲值1000元，獲得總價值與總成本計算

促銷方案	顧客價值	熱炒店成本
麻辣小龍蝦12隻	市價300元	成本100元
啤酒300杯	一杯10元，共3000元	一杯3元，成本900元
電扇	300元	成本100元
總計	3300元	成本1000元

顧客儲值1000元，當天價值與成本計算

	顧客價值	熱炒店成本
麻辣小龍蝦12隻	市價300元	成本100元
啤酒10杯	一杯10元，共100元	一杯3元，成本30元
電扇	300元	成本100元
總計	700元	230元

我們以成本為定價的3成計算，顧客當天儲值1000元，但是當天他們已拿到近700元的價值，對他們來說來吃兩次就已回本，下次必定會來，而對熱炒店來說這次收的錢只夠打平成本，但下次顧客上門必然有賺，這裡面有一個電扇其實是用來墊高價值，但事實上是降低成本的

配置。因為對顧客來說電扇價值300元，但直接跟工廠訂貨成本很低，中間的差價就能彌補小龍蝦的成本。每次限換10杯啤酒，也逼的顧客非得回來30次，也是其中的重點。因此省下那些打折、促銷、廣告的錢，卻將「引流」、「截流」、「回流」、「財流」一次完成，這就是所謂的免費模式的機制設計。

第五點叫做「潮流」，這間熱炒店又如何引起潮流呢？當你提出的優惠別人看不懂也做不了，別人的生意都變成了你的生意。當整條街的熱炒店只有你有客人上門，你就可以去找其它熱炒店老闆談。你將客人都分流給他們，他們賺的錢只要分你一成，對方一定同意。默默地你在整條熱炒街開了很多加盟店，當大家到處吃的都是你的品牌，你就形成了「潮流」吸引了更多熱炒店老闆加盟你，不花一毛錢就展店100家。但這間熱炒店老闆很聰明，他知道熱炒店只能做晚上的生意，於是他讓旗下的加盟店，上午幫大餐廳做洗菜切菜等前期備料賺一筆錢，中午下午做外送再賺一筆錢，晚上做宵夜熱炒再繼續賺一筆錢，因此成為連鎖熱炒店的霸主。

創新商業模式總結

在決定商業模式之前要先決定趨勢，因為方向不對努力白費，賺趨勢的錢就是賺時機的錢，如果你的商業模式再好，卻是用在一個已經無利可圖、沒人關心的產業上，那麼模式再好都沒有意義。再來是所有的商業模式都是為了

幫企業解決顧客的問題，尤其是心理問題，當顧客覺得你的品牌不好時，你即使做再多的創新他們都會覺得你不過是在玩花招。所以一定要先獲得顧客認同，慢慢建立品牌的信賴感。

在台灣這種競爭飽和的市場，想要創業一定要「先定位再卡位」，因為你的產品跟對手的差異一定不大。如果你本來就已經比對手弱勢，還不比你的對手多想幾步，那就很容易被對手給擊敗。但如果你想到大陸創業，或是在台灣創業然後發展大陸市場，那就要「先卡位再定位」，因為大陸市場的確驚人，就算是一次開2000間珍珠奶茶店，分散在大陸各地也見不到幾家，而飲料這種生意就是賺快錢，今天顧客口渴了，懶得多走幾步，你的茶飲店剛好在他面前，這生意就是你的了。天下商戰唯快不破，先快速的把所有顧客可能去的地方全佔滿了，你的對手就一定會避開你在的地點懶得跟你競爭了，所以在大陸速度就是一切。以市場的飽和度來說，大陸還有很多未開發的三四線都市，但人口數仍是台灣的大城市規模。如果你設計了一個商業模式需要廣大的用戶做支撐，那就不能只靠台灣；但是如果你想要發展以服務為主的體系，就算是一個小城一個用餐時間湧入的人潮，也不可能把服務做好，快比服務重要。所以不同的市場，競爭方式也不相同，在設計商業模式時一定要以顧客對產品的涉入程度、覆蓋的人口數、文化思想、生活習慣做為依據，才能讓企業運轉順暢。

CHAPTER 3

品牌行銷

短期創造產品銷售
長期累積品牌資產

品牌影響力

懂產品賣的是價格
懂品牌賣的是價值
賣出十倍價格的價值創造法

演講時我常問台下的創業家，產品價格是怎　決定的，大家給我的答案大都是「成本＋利潤」，或者是「功能＋消費者可接受的價格上限」。但名牌包的功能有限，原料卻很便宜，為什麼還能賣這麼貴呢？如果台下有來自設計產業的聽眾，他們認為品牌也會影響價格，但品牌在他們眼中只是一個商標（Logo），一個商標的美醜直接決定了產品的價格，感覺好像對、也好像不對；因為搜完全球百大知名品牌的Logo，長得好看的其實也沒想像中多，就像你不會因為阿里巴巴的Logo不好看就不上淘寶買東西，所以Logo是品牌的一部分，但不是最核心的部分。

品牌價格和logo大小有關嗎

我們舉個時尚產業的例子好了，同樣100%純棉黑色

POLO衫，顏色、質料、設計、剪裁、款式都相同，Giordano一件賣790元、A&F一件賣3900元、POLO一件賣5900元，他們唯一的差別是左胸前小小的Logo，但這幾個品牌的Logo都只不過是動物的剪影，Giordano是一隻青蛙、A&F是一隻麋鹿、POLO是一個打馬球的人，相信只要上網找圖再用小畫家把輪廓描下來，設計就已經大功告成了，而Giordano的設計師怕剪影過於簡化難以辨認，因此又做了些立體感的修飾，既然設計師努力為消費者著想，邏輯上大家應該更喜歡Giordano的Logo，但為何放在衣服上價格反而變得更便宜了呢？我在進入廣告產業服務大品牌前，念的是設計研究所，也是亞洲百大藝術總監、國際知名設計協會的理事和設計系老師，我並不是要貶損設計師的努力與價值，但要說這三個Logo有什麼特別的設計差異，我只能說以生物學的角度來看，青蛙比較小、麋鹿比較大、馬球又比麋鹿更大，難道隨著這些動物Logo的體型不同，放在衣服上的價格也跟著不同了？那以後在選擇Logo時，是不是盡量建議設計師多用那些犀牛、大象、鯨魚等體型大的動物當Logo，印在產品上價格就能越賣越值錢？

GIORDANO   A&F   POLO

Panasonic、Leica的價格與價值之爭

　　時尚產品的購買者大多比較感性，他們的選擇常讓人無法理解，我們再舉一個比較偏理性購買的3C產品當例子。Panasonic跟Leica（萊卡）合作生產數位相機，外型、功能、鏡頭、像素、連使用介面都長的一模一樣，萊卡負責製作鏡頭、Panasonic負責機身和數位感光系統的研發，然後掛上不同的品牌，各自定價、發表上市。由於這款相機機身採用了光滑的鋁鎂合金，Panasonic怕消費者手滑把相機給摔壞了，貼心的在機身上設計了防滑握把，如此貼心的Panasonic一台售價12,600元、Leica一台售價卻高達26,800元，Leica售價整整是Panasonic的兩倍多。衣服上的Logo一眼就可以看出品牌差異，但數位相機拍攝出來的相片上並不會印著Logo，相機的功能就是為了拍得漂亮，既然只是為了拍得漂亮，實在沒有必要花兩倍價錢買一樣的功能的Leica。某攝影網站為了幫網友做比較，還特地將兩台相機疊在一起，用相同條件同時拍攝了人像、靜物、風景，結果兩者差異根本微乎其微。如果你學過行銷，可能會認為兩者應該鎖定不同的消費對象，一個放在百貨公司專賣有錢人，一個放在3C通路針對一般的上班族。過去台北衡陽街是台灣相機店最密集的地方，想買相機就必定會去現場比較一下，試想當你走進店裡，看到這兩台新推出的相機，你問老闆這兩台相機有何差異？老闆說功能一樣，但要選哪一台得先問問你的身份地位。家裡窮的就面無表情的要你買Panasonic，如果是老闆

土豪就滿臉笑容推薦你買Leica。我相信當老闆介紹完你一定很想揍他一頓吧？

Panasonic LUMIX	Leica

　而現在網路發達，你很難再依賴通路去創造顧客的體驗差異，你隨便上淘寶就能直接勾選兩台相機，把他們的功能配件表放在一起仔細比較所有的規格和價錢，如果你是一個網購的消費者，當外型、功能、材質都相同時，你只能純粹從使用產品的角度去思考，你會如何做選擇？

　這兩款相機推出時，我花了一個月的時間仔細在網上做比較，由於我每天的工作就是幫客戶建立品牌形象，理智告訴我品牌都是經過包裝出來的，我應該要跟大部分網友一樣務實的選擇Panasonic。但是當我的同事知道後卻不敢置信的大叫「老大，你怎麼會選Panasonic！你還是我們心中那個有品味的老大嗎！？」這聲大叫讓我彷彿像犯了什麼大錯一樣，在整個部門面前感到有點羞愧。因為Panasonic只是個日本賣家電的品牌，而Leica被號稱是德國相機界的勞斯萊斯，兩者的品牌形象差異很大，於是我跟同事說明Panasonic的C/P值

（性價比）最高，同樣的錢我可以買兩台Panasonic，一台放公司一台放家裡，壞了也不心疼有何不對？他驚訝的回答我，如果車只是代步工具，幹嘛不挑一台馬力大、耐用又省油的貨車去約會？實用很重要嗎？廣告公司經常找藝人拍廣告，如果我在旁邊拿個Panasonic側拍，導演聽到鏡頭喀喳喀喳的聲音後，一定會很不悅的轉頭要求我們小聲點，免得影響現場收音；但如果導演一回頭，發現我手上拿的是鼎鼎大名的Leica，他肯定會放著進行中的拍攝工作不管，驚訝的衝過來搶走我手上的相機把玩，東看西看不斷的說：「哇，萊卡耶！一定很貴吧，你真是行家！」試想每當我拿出相機就有人誇讚「哇，你真是行家！」一年365天每次拿出來都被大家誇讚「哇，你真是行家！」以一個堂堂外商廣告公司的創意總監來說，難道不值得多花一萬多元去獲得那個「哇，你真是行家！」嗎？但如果你只是買了一台數位相機，人家頂多說「嗯，照片很好看」瞬間我秒懂了一件事，我買的不是一台相機，而是一個心理狀態。我要的不只是照片拍得好，而是還沒拍之前大家就覺得你帥的感覺。最後我毫不猶豫選了其中一台，但我不能告訴各位我買的是哪一台，以免大家覺得我既虛榮又浮誇。

身為一個消費者，每個人下的決定可能不一樣，但是每個選擇都是為了符合自身需求。沒有對錯之分，只要你敢賣一定有人敢買。但如果你是一個企業家，當你生產的產品跟別人品質幾乎做到一模一樣，別人的價格卻比你高出十倍、二十倍，你比別人加倍努力但消費者就是不買單，你甘心嗎？

品牌就是在人的心裡創造差異

常聽很多創業家說，他們不只是做產品而已，他們想要做的是品牌。但什麼是品牌他們卻說不上來，覺得有請設計公司設計Logo或請廣告公司做了廣告，品牌就會自動跑出來。

在這個產品高度競爭的時代，一個產品紅了必定會有一堆人跟風，推出功能及外型跟你極為類似的產品，單靠產品本身越來越難在市場上產生區隔。以前大企業可以花個幾千萬裝潢一間門市去展現自己高大上的品牌定位；現在電商崛起，只要花個幾十萬就可以請設計公司做出一個賞心悅目的網站。高端品牌跟新創品牌在傳統通路不對等的資源戰，換到網上後一切都變得公平，都得靠手機上小小的圖片去營造品牌的差異性。大品牌做行銷跟小品牌一樣艱困，但對願意花心思的新創小品牌來說，數位時代卻是一個難得的後發先至、換道超車的機會。

過去的產品時代是「規格戰爭」的時代，所有的企業莫不在追求規格上的差異，例如把產品做得重量更輕、體積更小、容量更大、價格更低、速度更快……只要比對手做的更好就有機會搶佔市場。現在是「風格戰爭」的時代，光是產品好還不夠，除了滿足產品的功能需求，更要滿足顧客的心理需求。也許產品看起來跟別人都一樣，但只要能塑造出獨特鮮明的品牌魅力，消費者還是能透過喜好去分辨你跟別人的不同，因為真正的

差異不只在你看得到、摸得著的地方，品牌真正的差異是在消費者的「心裡」。做品牌就像跟消費者談戀愛，他覺得你順眼，你做什麼都好，他覺得你不好；做得再多、配備再好也不一定能打動他們愛上你，所以品牌行銷的工作就是要在人的心裡創造差異。

產品、個人、組織都需要建立品牌

　　不只是「產品」需要建立品牌，「組織」跟「個人」也需要建立良好的品牌形象。不是有Logo就叫有品牌，好的品牌會很專注的持續經營某個群體，並透過各種系統性的方法不斷累積它的品牌形象與顧客的忠誠度。好的組織品牌在背後甚至會有一個很明確的概念跟識別性，宗教和政黨就是一種「組織品牌」的成功典範。例如你看到藍色就會想到國民黨，看到綠色就會想到民進黨、看到黃色就會想到新黨、橘色親民黨，並且可以猜測出他們提出的政見會有何不同；宗教間除了各自理念不同，還會建立獨特的信仰行為，例如回教徒不能碰豬肉、佛教徒出家會剃度、基督徒吃飯前會禱告……每一個政黨和宗教都有非常鮮明的特色，所以才能擁有那麼多追隨者。就算你無法確定眼前的陌生人是哪一種信仰，但是當你觀察他說的話，你就能推測這個人是屬於哪個黨派或宗教。

　　品牌就是讓人可以在心裡分辨出差異。在建立一個公司時，不管是有形的品牌設計或無形的行為思想，必需要

思考你的公司到底想成為一個什麼樣的公司。大部分的國際品牌從內部到外部都會有很明確的品牌規範，簡單來說只要按照同一個規範不斷累積消費者心中的形象，即使一樣是遮住Logo的德國車，AUDI、BENZ跟BMW還是可以一眼分辨這是哪家車廠生產的產品。Google跟IBM都是科技公司，但企業文化跟行為風格卻大相逕庭。那些已經經營了上百年的品牌，內部會不斷鼓勵員工追尋品牌的信念準則，員工在思考時會一起趨向某種方向，在組織內部累積出許多深厚的品牌DNA，這些DNA有很大一部分是來自領導者的行事風格，有些是來自企業內部的品牌文化，也可能是企業所追求的共同品牌目標，如果你不是他們公司的人，很難具體的說出他們的品牌精神，但當品牌DNA鮮明了，你做的任何事都能幫你累積品牌形象。

三十年前，所謂的品牌即是印在產品上用來跟競爭者做區隔的Logo而已，但現在品牌本身就是一個行銷方式，行銷大師科特勒認為品牌最主要的目的，就是要在消費者的心裡占據一個獨特價值的位置。不限產品或組織，即使連個人品牌在這幾年也越來越重要。尤其像是藝人、政治人物這種需要靠個人形象維持事業發展的個人；或是律師、建築師、銷售業務這種必須累積個人知名度的專業人士，都需要不斷創造自己的個人品牌資產，讓別人發生需求時第一個想到你。

對新創公司來說，剛起步沒有什麼可以大肆宣傳的豐功偉業。從創辦人為何要離開舒適圈創辦一間公司，也是

一個透過建立個人品牌累積企業形象的好方法。例如馬雲曾在阿里巴巴最危急的時候，憑藉個人魅力說服十八位員工不但薪水減半，還把自己身上的錢都用來幫助公司。十多年後阿里巴巴上市時，每個投資他的員工，身價都爆漲了近35萬倍。如果你曾聽過馬雲這段故事，有一天你在酒館裡和馬雲不期而遇並且相談甚歡，他告訴你他離開阿里巴巴的最新計劃是要賣茶葉蛋，而且目前正在募集資金，肯定回家就把房子、車子全賣了，只為了一起參與投資他的新事業。不管他未來想做什麼，都必定會有人捧著大把鈔票願意投資他的事業，並且想主動試試他生產出來的新商品或服務。有了個人品牌，他做任何事業都會比一般人更容易達成。每位創業家都應該努力把自己培養成一個知名的企業家，透過故事與包裝創造出讓人容易聯想的個人品牌印記，在買你的產品前先信賴你，在你成立公司前先投資你。

行銷之前必須做的目標設定

　　很少人會跟完全聯想不起來的人做生意，就像肚子餓時大腦會浮現前三間餐廳、旅遊時大腦會浮現前三個城市、甚至走進超商看到貨架上滿滿飲料，你會下意識去拿取你已經習慣了的飲料，或不知怎麼分辨好壞時，會選擇一個你最熟悉的牌子。品牌就是讓消費者下意識聯想起你的方法，如果你的品牌概念很模糊，當顧客想消費時，你根本擠不進腦袋的前三名，那要達成銷售的機會可說是非常渺茫了。

所有生意達成
都有一個共同原因
需要時，**腦袋前三名有你**

　　其實做行銷跟開車道理是一樣的，都需要打開自己的行駛定位系統。所以第一件事情是找出品牌目前的定位，尋找可以前往的市場機會點。第二，是釐清你的行銷目標，決定這次行銷要多大的規模。如果沒有預算限制當然可以一次廣撒全球；但如果預算有限，時間跟規模就是你必須控制好的道路範圍。第三是要分析產品及市場資訊，找出有機會的溝通切入點。第四個就是掌握你的行銷溝通管道和目標，不斷評估你的溝通方向是不是偏離目標，比如說如果你今天想要把產品大量的銷售出去，那你應該要做的是增加產品銷售的廣告；但如果想要建立品牌知名度，你做了太多產品功能及低價促銷，反而讓人覺得你的品牌是一個低價品牌。所以到底要提高品牌知名度，還是要提高品牌偏好度，還是產品銷售量，都是你在做品牌行銷之前，就必須要決定的目標。這邊提供一個簡易的品牌策略藍圖，分別包含了幾個元素，在做行銷之前必須要做清晰的目標設定：

❶ 品牌定義：品牌定義是必須要釐清你的品牌，到底是一個高階品牌還是低端品牌？訴求的是價格還是機

能？

❷ 廣告的角色：這波廣告到底是針對產品銷售，還是建立品牌的好感度或偏好度？

❸ 目標對象：指的是這一次廣告主要的溝通對象到底是誰？你希望廣告讓誰看到，並且希望他們誰看到廣告後產生什麼樣的行為。

❹ 競爭範疇：當你設定的目標對象越多，你的廣告對手就越多。以百貨公司的週年慶來說，以前你認為的對競爭者，可能是跟你同樣屬性的產品品牌；但是在週年慶的時候，消費者口袋裡的錢是有限的，同樣的錢他可能拿去買衣服、買家電、買保養品，你的競爭者，未必就是你以前認為的那些品牌競爭者。

❺ 我們現在在哪裡：例如我們現在可能是一個低端商品，訴求的是高性價比，大家買我們的原因就是因為價格便宜，這就是一個目前品牌的定位。

❻ 我們要往哪去：透過這次行銷活動，希望能夠帶領品牌前往哪一個新戰場。例如從高性價比的低價市場，切換到高價的時尚奢侈消費品市場。

❼ 消費者洞察：初步分析消費者的痛點與利益點，建立一個能驅動他做消費決策的心理按鈕，只要正確觸及那個按鈕，消費者的認知行為就會被我們改變。

❽ 支持點：你的產品有什麼樣的理由，可以支持你的品

牌觀點。讓消費者相信，你的產品真的能夠改變他的問題，滿足他的使用利益。

❾ 必備條件：例如除了一定要出現logo和產品之外，還要出現哪些必要元素？好比時間、地點、價格、限時、限量之類的行銷資訊。

設計出最有利的產品定位

我們有設計一個X-Power品牌定位工具，會將上面所說的資訊整合成由4個象限所構成的X圖形。4個象限分別為「品牌價值點」、「市場機會點」、「顧客需求點」、「競爭者問題點」。透過這4個象限的交集，就是你產品最有利的定位。

X-Power 品牌定位工具

市場機會點就是看你的市場上，有沒有跟你性質相同的產品？看看他們是如何成功的，如果沒有這樣的產品會不會出品？所謂政策影響趨勢，趨勢影響商機，能夠找到市場上的機會點，就好比風口上的豬也能飛，順著趨勢做生意總是比較容易一點；剛剛說的市場機會指的是大環境，而消費者的需求點是從圍觀中找到真實需求。

然後我們要知道消費者的痛點和爽點是什麼？找到了問題，答案就解開一半。就算品牌缺乏知名度，只要產品真的能夠幫助消費者解決生活上的不便，他們一樣會買單；但是痛點並不好尋找，很多的創業家只關注於他自己擅長的產品開發，總認為只要產品做出來了，消費者必定買單。確實這世界上有40多億的人口，只要能夠滿足1%的消費者也是巨量的市場，但問題是打開知名度，跟所有的消費者看到你的產品，通常都要花上不少的時間。如果產品能夠滿足消費者的真實痛點，讓使用過的人一傳十、十傳百，通常不用花太多力氣就能夠宣傳出去；但如果你的產品跟別人沒有什麼不一樣，那麼唯一的行銷方式就是花錢。由此可以得知，找到消費者的痛點才是行銷最好的方式。

再來是競爭者的弱勢與問題在哪裡？我相信這世界上已經有很多領導品牌占據了市場龍頭的寶座，但不是後發品牌就一定會處於劣勢，因為任何品牌都有它的經營邊界。所謂知己知彼百戰百勝，瞭解對手也是行銷的一件重要工作，你必須找到對手不想做，做沒你好或還沒做的事情。例如VOLVO的品牌定位是安全，你想跟他在安

全上面一較長短必定事倍功半，因為他已經營這個品牌定位超過50年；不過，你也可以反定位，好比他們賣給年長者，我們就賣給年輕人，溝通我們的車子不是給膽小的人開的，一樣能殺出一條血路。

最後是你的品牌價值。每一個品牌，都一定會有它的存在價值，例如香奈兒宣稱他解放了全世界的女人，而YSL則宣稱讓所有的女人變得更勇敢。他們賣的不是一個包包，而是一個心理上的價值。你的品牌一定也能夠找到適合自己的定位，而這個定位，剛好可以符合市場趨勢、消費者需求、競爭者的弱點。這個定位就是你品牌的價值核心，所謂定位不對努力白費，所有的GPS定位系統，最關鍵的就是先找到你現在所處的位置，再依據你想去的地方規劃路徑。若只知道目標，卻不知道自己的定位，就跟摸著石頭過河一樣，所以在思考品牌發展策略的時候，一定要先用頂層宏觀的視野俯瞰你的品牌行銷，成功機會自然會比別人多。

案例分析：唯愛玫瑰

一般來説，買玫瑰的都是男生，拿到玫瑰的都是女神。男生都是購買者，女生就是使用者。如果廣告要行銷，通常我們會把廣告放送給男生觀看，提醒他們女友生日或情人節快到了，只有刺激男生去買花，花店才有生意。

有一間叫做《唯愛玫瑰》的玫瑰花店作法卻跟別人不一樣。首先他們會幫你把花送到女生的手上，在運送的過程中必須確保它低溫且完美，讓女孩收到花的驚喜時刻，剛好就是玫瑰盛開的時候。

這個產品解決了很多男生的痛點，因為約會的時候帶著花不方便，玫瑰提早曝光也沒有驚喜感。唯愛玫瑰能夠幫你把花在最美的狀態下送到，卻有一個很惱人的規定，就是送花的時候，必須寫上女生的名字，而且他們只接受男生一輩子只能送花給同一個名字的女生。如果你是男生，肯定不敢送這個玫瑰，因為你怕一旦名字被綁定了，下一次不能再送給其她女生的時候該怎麼辦？

可是唯愛玫瑰很聰明，他把廣告全部投放給那些女孩們看，女孩子們也知道，唯愛玫瑰是一個男生一輩子只能送一個女孩的玫瑰，如果她的男友沒有送唯愛玫瑰給他，女孩會不斷的上網詢問她的閨蜜們，為什麼男生沒有送唯愛玫瑰給她？是不是之前有了別的女生或是只是想玩玩，想把這唯一的名額保留給別的女生。如果他們收到唯愛玫瑰，他們會立即上網到處宣傳他的男友有多愛她；相反的，如果女孩子要求男友送唯愛玫瑰，男生也會立即上網宣傳，到處跟他的朋友們討論女友想要唯愛玫瑰，但是之前已經送給了別人了，上網留言問有沒有人願意出借身份證帳號讓他再買一次，或是這女生可能不是他這輩子最想送的對象，生怕這次送過了以後就不能再送別人了。所以雙方的朋友們會在網路上拼命的展開攻防，不斷在各大留言版上討論。

這間玫瑰花店雖然只花了很少的預算，卻成功的讓全世界的人幫他們做了免費的宣傳。他們的花並不便宜，因為一朵花就像一顆鑽石一樣有意義，當然價格就趨近鑽石。這個案例男生是「購買者」女生是「使用者」，但網友都是「影響者」，那猜猜看誰會是「決策者」呢？

讓品牌變得更有價值的十個定位策略

品牌定位（Brand Positioning）就是幫企業設計一個容易跟競爭者產生區隔、並且容易在目標消費者的心裡占據一個獨特位置的策略方法。美國行銷大師飛利浦·科特勒認為，人們的消費行為的變化主要分成三個階段，第一個階段是「對量的追求」，就是特別注重產品規格及功能；第二個階段是「對質的追求」，不只要好用更要注重品質；第三個階段是對「情感的追求」，不只使用產品，更希望從產品演進到品牌，口紅要使用哪個品牌，車子要開哪個品牌，手機要是哪個品牌。買好東西已經是他們的標準配備，所以產品好是基本，用哪個品牌才能彰顯自己的個性才是關鍵。每一個品牌都應該依據目標和消費者的狀態去找出自己的品牌定位，既可以和對手產生區隔，也能吸引具有相同喜好的消費者前來。

好的品牌定位切忌複雜，最好能簡短至一個字眼，只有濃縮的才是最好的。

全球品牌定位比較表：

1	VOLVO	安全		7	賓利	頂級奢華
2	MERCEDES	尊貴		8	玫瑰卡	認真女人
3	AUDI	科技時尚		9	雅芳	了解女人
4	BMW	駕駛樂趣		10	萬寶路	男性氣概
5	麥斯威爾	分享		11	麗仕	巨星風采
6	勞力士	名望		12	NIKE	Just do it

可能的話，盡量將理性的利益感性化，例如：

安全	→	尊貴	信用	→	承諾
豪華	→	安全感	便宜	→	值得
科技	→	人性化科技	好空氣	→	好運氣
潔白	→	純潔	色彩	→	生動的回憶
性能	→	性感	聲控	→	聽話

了解了什麼是品牌定位，我也以消費者心理學的角度，進一步為大家整理了制定品牌定位的十種方法，供大家參考：

❶ 階級定位法

用產品的價值階級做品牌定位。不同的品牌在消費者的心中也有不同的層級劃分，比如TOYOTA是平價國產車，AUDI是高端進口車，品牌的階級反應的是品牌的總體價

值。通常低階品牌相對要求C/P值，對於功能及價格的敏感度較高；但是越高階的品牌，顧客買的功能越不實用，甚至買的不是為了滿足功能需求而是心理需求。像名牌精品包動輒要價幾十萬，可是購買精品包的目的就不是為了能裝更多東西、更耐用，而是拿出去時吸引別人的注意。很多擁有精品包的貴婦，買了一個包帶去參加一次Party就不會再帶出去了。高端品牌在產品功能上不用追求最好，但在品質跟服務上一定要做到最好，因為高階品牌賣的就是財富與地位的象徵。

　　不同品質及價格的產品最好不要歸納在同一個品牌內，例如TOYOTA的品牌形象是平價耐用的國產車，如果推出奢華高階車款，消費者一定還是寧可去買AUDI或VOLKSWAGEN。因為即使你開的車價值好幾百萬，朋友還是會說你開的是TOYOTA，跟滿街的計程車掛著同一個Logo，心裡還是會卡卡的不舒服；就算推出高階車的奢華訴求，也會影響原本想買平價車的人，最後不敢進店看車而流失客戶。因此最好的方法就是成立一個新品牌與原品牌做切割，把高階車全部放進LEXUS這個奢華品牌裡，這個品牌策略最常見的就是汽車產業，NISSEN也有個高階品牌叫INFINITY，都是同一個模式。

　　❷ USP獨特賣點定位法

　　根據品牌為消費者提供的獨特利益點做品牌定位。所謂的USP（Unique Selling Proposition）即「能刺激銷售的獨特品牌主張或賣點」。一個好的USP必須具備

三個重點：第一是「具體利益」，強調產品擁有哪些特殊功效，能為這個客群的人帶來實際好處，好處越具體越好，一定要能舉出消費者購買這項產品的核心需求，說出來會令他們關心或眼睛一亮的，千萬不要虛無飄渺不著邊際；第二是「獨特主張」，最好是競爭對手做不到、不願意做、做沒你好或消費者覺得很重要，對手卻還沒想到要說的，記得先搶先贏，久了就是你的，例如量販店「天天都新鮮、天天最便宜」，或是海鮮餐廳取名叫「朝捕夕食」，都是很不錯的品牌訴求；第三則是「火力集中」，在一個資訊碎片化的時代，要讓消費者記得你，最重要的是要不斷累積品牌印象，所以一定要不斷聚焦灌輸消費者同一個品牌利益點，千萬不要今天談「天天都便宜」，明天又說你是「貴婦都愛的愛馬仕級量販店」，消費者會認為你的品牌人格分裂，最後不管是一般家庭主婦或是貴婦，最後直接放棄理解你。

❸ 形式特徵定位法

　　根據主要產品的形式或特徵做品牌定位。例如AUDI的四個圓環分別代表了四個車廠，當年四個德國車廠合併後將各自最精華的技術結合在一起，創造出現在的奧迪；BMW的圓圈分割成四個象徵藍天白雲的1/4圓，其形象來自飛機前面不斷旋轉的螺旋槳，因為BMW在二戰時期是專門製造戰鬥機的工廠，戰後才開始以製造汽車聞名，所以這個品牌對於強大的馬力與自由的駕馭樂趣十分重視。利用形式特徵來建立品牌定位，謹記千萬不能複雜，越簡單的形狀越能激發消費者的想像與記憶，

讓他們幫你說出其中的故事。

❹ 消費者定位法

根據購買產品的消費者形象做品牌定位。例如美國有間車廠叫林肯，他們生產的高級轎車常常用來當做總統專車，或是接待外國元首，因此就以美國總統林肯做為品牌形象，讓人知道這是一款總統級的座駕；又例如賓利汽車近百年來生產的車輛總數不過幾十萬輛，但這些車主平均年齡超過50歲，幾乎每個人都擁有自己的事業，不是董事長就是集團執行長，名下擁有許多不動產，甚至擁有自己的遊艇跟飛機，因此賓利賣的不是一台車，而是一種豪奢的身份認同，能買得起這樣的車，代表的是你絕對事業有成。

❺ 類別定位法

根據產品類別所建立的品牌定位。我曾服務過一個車廠，他們推出了一個新概念的五門掀背小休旅，他的尺寸跟房車一樣大，但他將後座行李艙裝上兩個小椅子，變成了擁有三排座椅、共七個位子的小型休旅車，這樣的休旅車坐在最後一排並不舒服，但對於擁有小孩又需要載父母出去玩的小家庭來說，這是一個可接受的解決方案。當時我們在品牌定位上掙扎很久，到底應該把產品定位成可以勉強擠進7個人的休旅車，還是能載7個人的房車，最後我們定位成「7人座轎式休旅車」而不是導致產品賣不好的「7人座休旅式轎車」。這兩者聽起來雖然很像，但是定位一旦錯誤吸引的對象就完全不同。

定義成「轎式休旅車」吸引來的人都是本來想換休旅車的人，對於休旅車的認知就是又大又寬敞，結果廣告推出去立即吸引了八千多組人來店賞車，但是看完車後每個人都嫌車太小，成交率不到5%；如果當時定位成「休旅式轎車」，來的人都是本來就開轎車的，結果發現同樣的錢，這台車還能多坐兩人，不管是載朋友還是載家人，都有了更多選擇，說不定成效就會完全相反，所以類別定位對於品牌影響非常大。

❻ 情感定位法

根據使用者的情感建立的品牌定位。Nike是一個運動品牌，購買他們產品的都是一些努力不懈、熱愛運動的消費者，因此他們提出的品牌主張 "Just do it" 就是希望能陪著顧客一起挑戰的運動精神。台灣的喬山健康科技生產了許多跑步機，直接從產品出發的品牌主張大多看起來停留在產品層面，缺乏情感溫度；因此喬山推出一波品牌廣告，命名叫 "Run for Love" 引起很多迴響。故事內容是說，為了追女朋友、成家立業、照顧孩子、照顧孫子，從小到大你不知道跑了多少路，但你知道有更多的責任要完成，所以你必須好好照顧自己的健康，因為為了愛你會繼續跑下去，喬山跑步機就是陪你一直跑下去的品牌。透過消費者有感覺的故事，將感覺轉移到品牌上，就是情感定位最重要的品牌策略。

❼ 比較定位法

根據競爭者所提出的攻擊式品牌定位。例如有個AAA

胃藥品牌占據了很大的市場，排名第二的BBB藥廠為了瓜分AAA的市場，提出了一個具有殺傷力的品牌主張：「胃病吃AAA，胃不舒服吃BBB」。這是一個非常聰明且精準的品牌定位策略，因為大部分的人會上藥房買成藥，就是覺得自己的身體只是不舒服，吃點藥休息一下就好，要是真的胃痛到像是得了胃病，那就會直接去醫院了，所以這個定位一出，AAA藥廠雖然還是具有一定的品牌信賴度，但BBB的品牌策略卻成功讓自己增加了大量的重複使用者。

❽ 情境定位法

將產品與特定的使用情境做品牌連結。例如「三點一刻」營養補給飲品，就是發現上班族每天都很忙，可是到了三點一刻就會稍作休息，利用15分鐘的時間，喝杯咖啡或吃點零食補充熱量，接著三點半又會繼續忙到晚上才能休息，因此就把品牌名叫做「三點一刻」，提醒上班族每天三點一刻記得補充營養，好整以暇的面對接下來的挑戰。

❾ 文化定位法

將某種文化置入品牌之中的定位策略。大陸有一個熱門歌唱節目叫「中國新說唱」，就是將歐美流行的嘻哈文化引入到中國來，為了融入具有大陸特色的文化元素，就將嘻哈改名叫「中國新說唱」，並且宣稱要將中國傳統文化變成全球流行的嘻哈文化，透過西風中唱將文化變成品牌定位的一部分，因此才獲得大陸政府的同意，

在普遍反美的中美貿易大戰氛圍中，不受影響的製作美式街頭文化的節目。

❿ 附加價值定位法

除了提供主要服務，還讓你獲得其他附加價值的品牌定位。104人力銀行有個品牌口號叫「不只找工作，還為你找方向」就是發現許多的求職者並不知道自己真正適合的工作是什麼，所以每次換工作都像是經歷一次人生的十字路口，因此104除了提供就業資訊，更提供各種職涯課程及趨勢觀察，幫助求職者找到人生的目標，也將104的品牌定位從傳統人力銀行，變成人生的職涯平台，將品牌提升至新的高度。

一個品牌擁有好的定位，就能成功創造從顧客角度思考的價值主張，並且提供消費者一個為什麼要從眾多品牌中，選擇你產品的理由。成功的品牌定位不但能立即刺激產品銷售成長，也能在消費者的心裡占據一個位置，讓競爭對手無法輕易攻進來，例如一想到安全你就會想到VOLVO汽車，就算對手做了很多關於安全的廣告，最後消費者覺得行駛安全對家人真的很重要後，他還是買了你的VOLVO汽車；一想到快餐就聯想到麥當勞，最後大家不知道要吃什麼時就會說，那就叫麥當勞吧。

顧客洞察力

精準命中顧客沒說
但心裡很想得到的慾望
讓消費者主動消費並持續購買

每個老闆都能口若懸河、龍飛鳳舞的介紹自己的產品特色,你很懂自己的產品跟服務,但你懂買你產品的對象在想什麼嗎?過去做行銷會把顧客依據性別、收入、年齡、居住地區做分類,現在只是這樣已經不夠。一杯拿鐵咖啡便利商店賣60元、星巴克賣120元、精品咖啡館一杯超過240元,在過去我們會定義這是三種不同的目標族群,60元就是沒有經濟能力的學生喝的、120元就是白領上班族喝的、240元當然是有錢有閒有品味的貴婦喝的,但是你應該都喝過上述的咖啡,那麼你應該被定義成學生、上班族還是貴婦嗎?你是上班族就不會喝60元的咖啡了嗎?你是學生就不會想帶女朋友去240元的咖啡店打卡了嗎?

過去行銷定義的消費族群樣貌已經產生了很劇烈的改變,但還是有很多的行銷公司用已經過時的方法去定義你的目標消費者。而現在要定義目標消費者,可能從人

口統計變數變成生活型態分析，例如興趣、生活、價值觀、同溫層……做分析。因為上班族中午吃飯時間趕，沒辦法慢慢喝，只能在公司附近的便利店買一杯咖啡提神；但是當你約了朋友或想放鬆，就會去星巴克坐下來邊喝邊聊；到了週末約喜歡的女生，為了展示品味，你可能會約一個地方好好享受浪漫時光。此時你會發現便利店賣的是「方便」、星巴克賣的是「空間」、240元的咖啡賣的可能叫「浪漫」，唯有瞭解你的顧客在想什麼，才有機會讓他們持續上門。

過去分析消費者的方法是透過人口統計變數，而現在則是透過興趣嗜好生活方式，因此更能推測出消費者的產品偏好，但未來一定是理解顧客的行為，創造產品的延伸價值。

跨世代溝通：找出世代的顯性特徵

每一個時代的消費者，都有一個非常顯性的行為特徵。如果沒有搞清楚他們之間的差異。很容易就會對牛彈琴。例如1980（簡稱80後）後出生的跟1990（簡稱90後）後出生的人，基本上就是天敵。但是大部分的公

司，都會讓80後來管理90後，造成了很多的問題。這是什麼原因呢？我們要從時代去做一個推演和分析。每個時代的行為特徵，可能受世界趨勢的影響，也可能受國家政策的影響，也可能受到經濟改變的影響，更可能受家庭教育的影響。

50後的行為特徵：務實

我們常看到鄉土劇裡，有一群50後的大媽特別務實，能夠占的便宜絕不放過，買東西必定殺價，把每分錢都看的無敵珍貴。原因來自每個人的思想觀念，都被兩條線所制約。頂層的線叫想像力，代表的是你對未來的期待。底層的線叫務實力，代表的是你過去吃過的苦。

這群大媽吃過的苦很多，但是對未來卻不太敢想象，因此當機會出現在他們面前時，他們會本能反應的積極爭取。因為在那個年代，對未來想的太多是很容易發生問題的，就像台灣有白色恐怖、大陸有文化大革命，想的太多就容易犯錯，最好的方式就是跟大家保持一致。

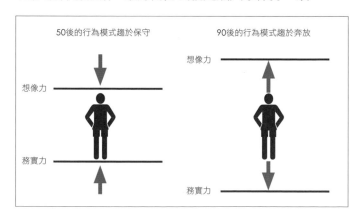

60後的行為特徵：期望

二次大戰後男人從前線解甲返鄉觸發了嬰兒潮，60年代是一個人口暴增、經濟成長的時代。50後的父母，可能會生上5個孩子，但因為孩子生多導致負擔加大，到了60後可能就平均只生兩、三個孩子。由於孩子也生的少，全球經濟也好轉，50後的父母沒有時間照顧孩子，但60後對於孩子跟家庭的照顧的時間卻明顯增加很多，再加上60後的孩子都比他們的父母受過更好的教育，因此在思想上與40、50後有了截然不同的價值觀，不但期待能在經濟成長的過程中闖出一番名堂，也期望孩子也能出人頭地。

70後的行為特徵：悶騷

這樣的思維也反映在他們對孩子們的教育上。50後大媽生出來的孩子約莫是70後，70後出生的人有一個明顯的行為特徵，就是「悶騷」。他們小時候如果做出了跟別人不一樣的事，50後的爸媽會生氣的罵他：「你看看別人的孩子多乖，你怎麼就是喜歡跟別人做不一樣的事？你就不能好好聽話當一個好孩子嗎？」好像跟大家選擇一樣才叫正確，這種思維下長大的孩子生怕犯錯，擔心自己與眾不同。

70年代有很多美國流行音樂，很多人年輕時曾經想過要當一個音樂家或藝術家，但是當他們在選擇科系時，父母會希望他們選擇一份安穩的工作，那個時代最好的工作是每天碰錢的金飯碗（銀行）或是不會被炒魷魚的

鐵飯碗（公務員），於是他們只好把自己的夢想放在心裡，期待有一天能實現。你會看到很多平常看似老實的70後，過了40歲反而勇敢的去嘗試各種新奇的事物，因為那是他們年輕時想做卻不敢做的。

80後的行為特徵：物質

80後的父母就是60後。他們生出來的80後孩子，平均每個人會受到6個人的照顧，分別是爸爸媽媽還有爺爺奶奶、外公外婆。這些80後可以說是含著金湯匙出生的，但不是真有錢，而是在過度照顧的環境下成長。他們生活在一個充滿物欲的世界，他們去學校的時候，同學之間會比較腳上穿什麼牌子的運動鞋？生日的時候會比較誰的Party比較熱鬧？甚至比較誰的爸爸公司比較大？這些80後現在也超過30歲了，他們參加同學會時，大家會問你在什麼公司上班？收入好不好？他們想結婚，最大的情敵卻不一定是同年齡的人，而是一種叫做「丈母娘」的生物。想像當你帶著禮物去拜訪女朋友的家，女朋友的媽媽會不斷問你：你有沒有車啊？你有沒有房啊？你爸媽還在不在呀？你現在薪水多少啊？未來打算跟你爸媽住還是自己住啊？因為60後擔心從小被6個人照顧的獨身女，女兒嫁出去後，女婿除了照顧自己的爸爸媽媽、爺爺奶奶，還要連娘家這邊的爸爸媽媽、爺爺奶奶一起照顧。加上以後生的孩子開支也很大，平均一個人得負擔十幾個人的退休生活。從務實角度來看，80後的人特別追求物質生活，拼命賺錢，也沒有什麼不對。

90後的行為特徵：理想

　　70後的父母生出的孩子大約是90後。這些孩子的特徵是只要夢想不管現實。因為他們70後的爸媽，工作已經逐漸穩定，經濟能力也有了一定的水準。當孩子們想選擇一個不喜歡但是可以賺錢的科系，70後爸媽會說：「以前我的爸媽要我放下夢想去做一個我不愛的工作，結果平平淡淡的過了一輩子，現在想鼓勵你，去追逐自己的夢想。」所以他們鼓勵孩子與其選擇一個自己喜歡的科系，不如去念一個你自己真正喜歡的科系。

　　90後的孩子會很果斷的去追求喜歡的事物，卻不在乎實際。他們對錢並不反感，但不打算犧牲自己的喜好，去賺他們不想賺的錢。簡單的說，90後的特徵就是浪漫，或者說不夠務實。

80後與90後的工作觀

　　前面提到80後跟90後是天敵，但是80後跟90後有什麼過節呢？因為80後的人現在都是主管，手下帶著一群90後的人一起工作。80後的主管，會用自己「物質」的價值觀，去鼓勵這些90後上班族。整天跟他們說加油「只要好好努力，就能升官發財，有錢才能獲得成功的人生。」但90後的人可不這麼想，因為他們認為靠賺錢定義的成功不是他想要的成功。他們並不反對賺錢，賺錢的目的就是為了享受生活。如果工作讓他必須跟自己的理想生活妥協，他可能會選擇不工作。這也就是為什麼80後跟90後在工作上會有衝突的原因。

50後工作是為了生存，有工作就能活下去，只要每天能吃得飽什麼事都會願意做；60後工作是為了家人，只要薪水能照顧家人，他們就願意做；70後工作是為了爸媽，只要老爸老媽讓他們做，他們就做了；80後工作是為了賺更多錢，享受更好的物質生活，只要能夠賺很多錢，他們就會做；90後工作是為了追求自己的理想，只要這份工作跟他們的理想不抵觸，錢多錢少不是重點，重點是心情好就願意去做，因為他們所謂的成功跟過去我們對成功的定義不太一樣。

對70後來說，加班是必須的；80後來說，給我錢才幫你加班；對90年來說，給我錢都不加班；對00後來說，敢叫我加班，我就告死你。這就是不同時代的行為特徵，當然每個時代，都還是會有個別的行為和個性差異，例如生長環境、不同的國家、不同的城市、不同經濟能力也會有影響。做行銷的時候，我們很難簡單歸類成白領上班族、藍領勞工、家庭主婦，即使90、80、70後的上班族，想法也不見得都會一樣。在做行銷的時候，我們也要針對這些世代的行為特徵去思考適合的行銷活動，才有機會去打動他們、影響他們，讓他們愛上你的產品，甚至成為你們品牌的忠誠粉絲。

啟動隱藏在顧客心裡的行為開關

孫子兵法有云：「三十六計，攻心為上。」能夠洞察消費者心裡的狀態就能夠在他的心裡面放上一個啟動按

鈕，按下按鈕就等於開　了他的購買決策開關。很多人並不知道消費者為什麼要買你的產品，當然就不知道要怎麼賣他產品。

我常舉一個例子，一條鮮紅色的口紅，應該要怎麼賣？問不同年齡的女孩，有人說鮮紅色代表性感、有些人說鮮紅色代表的是成熟、有人認為紅色看起來很專業。如果今天只是想賣一條紅色口紅，你怎麼賣都行；但如果你想要賣得比別人更好，就要瞭解到底是誰想買它。為什麼要買它？

以口紅為例

14歲學生→想看起來更成熟

24歲社會新鮮人→看起來自信、更專業

34歲小主管→想要美麗、想要性感、更誘人（誘拐男人）

44歲貴婦→看起來更年輕

對於一個14歲的少女來說，買一個鮮紅色的口紅，代表的是成熟，因為她的朋友們都還在用粉紅色略顯稚氣的口紅，當她塗著大紅色口紅出現在朋友面前，男生們馬上就會覺得她好有女人味，因為塗上大紅色的口紅可以讓她散發著動人的成熟魅力。那麼24歲的女孩，為什麼要買一支大紅色口紅？也許是因為今天她要面試，或者是明天正要上場提案，因為剛畢業，感覺太過年輕不

夠專業，會被質疑無法勝任這份工作，必須在眾人中面前展現自己的專業形象。但到了34歲，會選擇一支紅色口紅，通常想要獲得的是性感與美麗，不管結婚與否，塗上紅色口紅，走在路上就期待能贏得所有男人的目光。當你44歲，塗上了紅色口紅，是希望可以為皮膚帶來更好的氣色，讓皮膚更加白皙，看上去更加年輕。

同樣的一個紅色的口紅，對14歲來說是成熟，對44歲來說是年輕。如果你根本不知道你的消費者是誰，也沒有讀懂她們的心理狀態，你賣的就只是一支紅色口紅，更不用高談闊論的說明顏色、成份、功能、CP值。反觀所有的大品牌，賣的卻是一種心理狀態。紅色是一種規格；但成熟、專業、性感、年輕，卻是一種心理狀態。產品功能有價，心理狀態卻是無價的，因此瞭解你的消費者是誰在想什麼。是品牌行銷非常重要的一環。

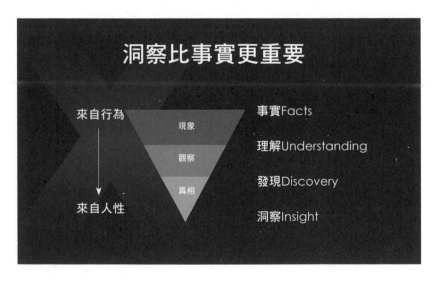

「消費者洞察Consumer Insight」像是一個長在顧客心裡的秘密按鈕。按對按鈕，本來消費者不想用，現在他會想試試看，本來不喜歡的，現在他會喜歡，本來覺得跟他沒關的，現在覺得這產品跟他大有關係。怎麼樣才可以找到消費者洞察呢？練習找出問題是洞察人心的基本功，就像剛剛的口紅一樣，每一種產品一定都有很多種的特點，但究竟你要主打哪一個特點，消費者才會動心起念地衝過來買你的產品呢？就必須透過不斷的觀察和提問。不止觀察為何買你的產品，也要觀察如何使用你的產品。

我舉一個租車公司的例子，這個租車公司是全球最大的租車公司，也是我的公司客戶。有一次我們幫客戶在分析消費者數據時，發現了一個特別的事情。他們發現每天早上有一群人凌晨四點就來租高級車，但在九點就來還車，而且天天都如此，租車的卻不是同一人。看到這個數據的時候，我們在猜想，到底是什麼樣的人，需要在凌晨四點租高級車、九點就還車呢？我們推演過很多原因，但都不符合邏輯。例如租車去夜店把妹車震、送孩子去上學炫富、去機場接搭著紅眼班機半夜飛來的客戶老闆等，就是找不出合理的原因。於是我們在還車時查了油量表，發現只耗損了10%的油，代表有90%的時間，車子都在靜止不動。

租了一台高級車，卻有90%的時間不去開它，這明顯是一個很怪的事實。我們又檢查了GPS，發現車子雖然被不同的人租走，但是卻不約而同的停到了同一個地方，地

點是一個郊區的室外停車場，同時清理人員又回報這些被租走的車子，車上總是留有很多的泥土跟草屑。我們開始有了明確的推斷，客戶們租了這台車去做運動的。至於做什麼運動呢？相信你也猜到了，當然是「高爾夫球」。

接著要再抽絲剝繭的往下問下去，為什麼要租高級車去打高爾夫球？原因很容易猜想，因為高爾夫球是一群老闆談生意的場合，你開的什麼車就代表了你的事業進展到什麼樣的規模。我常常問很多老闆，車子是什麼？他們都告訴我車子是代步工具，如果車子是代步工具，那麼幹嘛不開一台省油有力又能載很多貨的車子去約會、談生意呢？從上面的推論慢慢地得知，高級車不是一種交通工具，而是一種生意工具，他彰顯的不是規格而是擁有他的能力。

很多人認為一個人能力好之後會創業，創業賺到的錢會先買房，賺到更多錢就會換台好車，所以一台好車代表的是你的事業有成。如果你正處在創業過程，還沒有能力買一台很好的車，但又必須讓人相信你的事業很成功，願意跟你做生意，租一台高級車去打高爾夫便是最快獲得認同的好方法。當別人看到你開的好車，自然會聯想到你應該已經事業有成，而且是買了好房子之後，所擁有的好車子。這樣的推測當然過於武斷，但租一台高級車的確比開貨車去跟客戶打球更容易營造信賴感，讓對方相信你具有一定的企業規模，進而對你的專業能力獲得一定的肯定。

　　如果你是一個汽車銷售員，你會怎麼賣一台高級車？外形美觀、內裝舒適、省油馬力大，還是一看就知道你事業有成？前面談的外觀、內裝、省油、馬力大都是規格。規格大了，價錢就要壓低，才能有高的CP值；但每增加1%CP值，你的成本可能增加了10%。「事業有成者的座駕」賣的是心理價值，在消費者可以接受的價格內越高越好，反而便宜了會讓消費者覺得買了沒價值，就像LV不會把價錢壓到跟購物袋一樣，因為壓低了背起來就真的像個購物袋了。

　　那麼同樣一部高級車，土豪想的跟新創老闆又有什麼不一樣？對新創老闆來說，你想賣他一台車，你只需告訴他，每一個老闆都把這台車當做基本配備，擁有這台車你就跟大部分的老闆一樣看起來事業有成。但有錢的土豪想的不一樣，他已經很有錢了，他想要的就是跟別人不一樣，所以你如果跟他說這台車只有他能夠買得

起，買了這台車你就跟大部分的老闆看起來不一樣，他可能就立刻下單。發現沒有？同樣的是一台老闆開的車，有錢跟沒錢的老闆想得就不一樣。如果你沒有弄清楚對方的背景，為什麼要買這台車的原因，那麼你即使告訴他所有的規格都打動不了他，因此消費者洞察是行銷裡面非常重要的一個環節。

廣告公司有一個很重要的部門叫市場研究與策略發展部。他們最主要的工作就是去研究消費者的購買心理，研究總監會透過非常多的市場調查數據去分析消費者的行為，再從這個消費者洞察中找出這一次想要溝通的行銷概念核心，最後再利用創意加以包裝，去打開購購買產品的心理開關，讓消費者主動向你衝過來。

廣告策略需要很多分析。例如市場分析、產品分析、競爭者分析、社會環境分析，但最重要的就是消費者購買決策分析。所謂消費者決策分析，根據不同的對象要使用的策略可能就不一樣，我們必須去瞭解產品的特性，找到他的U.S.P.（unique selling point/proposition）產品的獨特賣點，並且去定義你的產品到底是賣給誰。例如這是一台賣給富二代的拉風跑車，還是一台幫你談生意的總裁座駕，還是一台假日能帶著全家人出去露營的休旅車。產品的銷售對象必須要明確，生意才會好做。消費者分析，我們必須找到誰是你的購買者？誰是影響購買決策的人？買的人心裡面的想法是什麼？聽起來覺得很奇怪，一般我們都會認為買產品的人應該就是使用的人，但我舉一款孩子專用的手機

為例，學童沒有經濟能力，當然他們只能是使用者；但是誰付錢買下手機的呢？當然是負責賺錢的爸爸，所以爸爸是購買者；可是爸爸會不會在購買時聽媽媽的意見呢？簡單的説，媽媽可能才是決定幫孩子買手機的決策者，也可能是影響爸爸買或不買的關鍵者。

行銷戰鬥力

抓對關鍵客群
把顧客養成粉絲
並為你瘋狂

如果「銷售」是1對1的賣掉產品,「行銷」就是1對多的賣掉產品。行銷在大陸叫做「營銷」因為市場需要不斷深耕經營。台灣經濟部統計,台灣的創業公司三年內倒閉者超過90%,最大的失敗原因不是缺乏資金,而是缺乏市場。產品研發出來卻賣不出去,企業怎麼發大財?身為廣告集團的經營者,我必須承認廣告不是萬靈丹,不見得每個品牌花了錢做行銷就一定有效。廣告公司能同時接觸到許多大品牌第一手的行銷機密,十多年來看過成功和失敗的經驗一樣多,一眼就能找出你市場的機會點和問題點。廣告公司就像是武俠小說裡的倚天劍與屠龍刀,使用者口袋的深度就像內功的程度一樣,內功不夠光是拿起劍就可能耗盡你的體力,如同品牌才剛打響知名度,但預算耗盡了也無法維持下去。大品牌可以先花錢做行銷,再慢慢把產品賣掉回收行銷成本;但新創公司初創時什麼資源也沒有,開發產品需要錢、打開市場需要錢、賣掉產品也需要錢,新創公司

如果自己就能學會怎麼做行銷，就能快速將產品銷售變現，所以這個章節我將教導各位運用廣告公司內部方法做行銷。

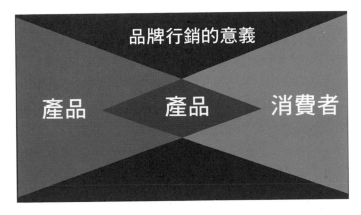

廣告公司：全球品牌行銷幕後的操盤手

從全球第一間廣告公司J. Walter Thompson成立至今已經過了150多個年頭，每個產品製造商都會尋找專業的廣告公司幫他們建立品牌和行銷操盤。製造商懂得如何做出好產品，卻不懂得怎麼賣給消費者；而廣告公司有許多研究部門跟案例能幫客戶解決行銷問題。

一百多年來，所有的廣告公司都在持續找出各種最有效的行為分析和溝通策略，去刺激目標消費者愛上品牌進而購買產品。廣告公司還有一個強項，就是幫客戶建立品牌獨特的發展策略，從消費者研究、市場競爭分析、品牌定位、創意策略、媒體策略、活動公關策略……透過這些連續性的品牌活動，影響消費者的購買決策，讓

原本不喜歡某產品的消費者，現在開始喜歡；本來覺得跟他無關的產品，現在開始試用；以前沒聽過的品牌，現在會想跟朋友討論它，這就是大品牌找廣告公司的目的。只是廣告是非常昂貴的行銷投資，試想一下以台灣2300萬人的市場，製作一支普通水準的30秒電視廣告，費用約莫在200~300萬台幣之間，在電視台上每播一次廣告平均要花上5萬媒體費，一個節目播了10次就花掉50萬；但沒有品牌只上一個節目，也不會只上一個頻道，更不會只上一天；再加上廣告公司的企劃服務費，一個月花掉數千萬是常有的事。

大品牌當然也不是省油的燈，他們花錢做廣告也是經過精打細算的。每個品牌每年會平均提撥6%的營業額做為行銷預算，只要產品不要太差、品牌形象沒有問題，花了6000萬當然就是希望能創造10億的產品銷售（不同產品比例不同），這些費用還不能保證一定達標，因為現在的年輕人根本不看電視，傳統廣告的影響力正在逐漸下降中，每個品牌都在尋找更新更有效的方法。

全球大品牌慣用的三套行銷法則

每個品牌都希望用最短的時間，把最多的產品資訊傳達給消費者，但這世界上最遠的距離，就是「你的腦袋到別人的腦袋，別人的口袋到你的口袋」全球的廣告公司每年經手數百億美金幫客戶做品牌行銷，分析了無數次成功跟失敗的案例後，歸納出了幾個重要原則。

第一個原則叫「7次定律」，意思是起碼要引起消費者連續7次有感印象，才能累積對廣告訊息的記憶。看似簡單，但一位消費者平均一天能接觸到的訊息量最少達到20多萬次，只是大部分都會被無意識的忽略，例如你會對路上一位開心拿著氣球的小女孩印象深刻，卻不會發現氣球上面印著某個品牌的Logo。

第二個原則叫「KISS法則」，KISS就是 "Keep It Simple & Smart"，要求廣告訊息一定要簡單明確，如果一個商品有10種優點，30秒裡每個優點各說一次就只分到3秒，你的廣告好不容易才出現在消費者面前，結果30秒卻說了10個產品優點，話雖然都說完了，卻沒有一個能被留下記憶，就像一次丟給消費者10顆球，他們一個也接不住是同樣道理。

第三個原則叫「IMC（Integrated Marketing Communication）整合行銷傳播策略」，所謂的IMC就是要把產品可以提供消費者的利益點「整合精煉」成一個強而有力的溝通重點，這個重點就是品牌或產品的主張，用一個聰明有創意的手法重新包裝這個重點，讓消費者一看就印象深刻，並不斷的在消費者有可能接觸到的地方大量宣傳，不斷重複累積消費者腦中的印象，這個方法要注意的是隨時隨地都要能讓行銷訊息保持一致，讓他們即便不看Logo也能分辨得出這是同一個品牌的廣告，以最大化宣傳效果。

廣告行銷三大法則

	法則	內容
1	7次法則	不斷引起消費者注意7次，讓他們累積印象
2	KISS法則	把產品利益點包裝的簡潔有力，並善用創意讓廣告印象深刻
3	IMC法則	把單一訊息大量延展在所有地方，讓印象最大化

攔截與池塘，舊行銷與新行銷思維的差異

　　找廣告公司幫你做品牌行銷非常燒錢，而且越厲害的廣告公司收費越貴，媒體費用也居高不下。品牌、消費者與廣告公司之間的關係，就像漁夫、魚跟捕魚的工具，漁夫手上的工具越強大能捕的魚越多。想像過去的消費生態，就像有一條大江大河在你面前滾滾而來，河裡充滿了許多肥美的鮭魚從下游不停游來。你是做小生意的老闆，這些鮭魚就是消費者，你很想捕捉他們，於是你走到河邊用雙手撈啊撈、撈啊撈，終於皇天不負苦心人，你的辛苦付出終於抓住了一條。正當你自得意滿時，轉頭發現左邊的老闆拿起釣竿，釣起的魚又大又肥；再轉頭看看右邊的老闆，聰明的在河岸上放了一長排釣竿，釣竿越多釣起的魚也越多；突然你聽到一群動力小船的聲音，他們打開聲納直接朝魚群開過去，大網一撒，整群魚就嘩啦啦的倒入船艙裡，你再低頭看看手上的那條小魚，才發現自己沒有工具，和前面三者相較，努力付出的勞力和所得不成比例。

這個故事告訴我們的是過去小品牌與大品牌行銷方式的差異，大品牌透過龐大的行銷工具，壟斷各種媒體工具，把魚群出沒的好地方一個個全占了。消費者打開電視看到他們的廣告，打開報紙又是他們的廣告，打開廣播、打開手機，連去到賣場都能目睹同一個品牌直接推出十種口味，把整個貨架最好的位置全占滿，小品牌只好被安排在最不起眼的角落，等著哪個低頭走路的人發現到你的產品，又剛好一見鍾情讓他們想把產品買回家。

　　時代改變了，以前只要掌握了電視、報紙、雜誌、戶外看板，就等於壟斷了消費者獲取資訊的管道，廣告多的比廣告少的更容易贏得信任感與話語權。你不斷說你是第一品牌，坐在電視前的消費者就會被你慢慢洗腦，相信你是第一品牌。說你的產品好喝，大家也就會真的覺得你好喝，所以大品牌提高了產品銷售量，就更有錢去壟斷消費者的購買決策。只是現在獲得產品資訊的管道越來越多，消費者擁有更多自主思考的能力，再也不會因為看到電視或公車上的廣告，就相信廣告上所說的話，因為所有的廣告都會標榜自己的產品是最好的，所以你看到廣告後會上網爬文看看其他使用過的人怎麼評價這個產品，大品牌雖然還是能壟斷所有消費者接觸訊息的管道，但要付出的成本也越來越高。

　　以前我們稱購買商品的人叫消費者，但現在稱呼他們為用戶會比較精準，畢竟使用你產品的人可能沒付你錢，也就沒有所謂的消費行為，卻一樣能因為你提供的免費

服務，為公司帶來收益。我們一樣舉那個大江大河的例子。小老闆站在岸邊徒手捕捉那些游不快的魚；中老闆在岸邊放著一整排釣竿等著魚兒上鉤；大老闆開著雷達船帶著大網直接朝魚群位置奔去。那聰明的新創老闆就在河的附近挖了一個水塘，再把水塘挖了一個水道連接到江裡，魚群游累了發現這個水塘就自動游進來。聰明老闆每天都在池子裡放滿飼料，吸引更多魚游進來，於是水塘裡的魚越來越多也越來越肥，水塘就成了聰明的老闆的私人魚池，想決定什麼時間關水閘、關多久、撈多少隻，要不要找人一起撈都是可以自己決定的事。他就在池邊放了很多小椅子按時間收費，讓想釣魚的老闆來你的池子釣魚，而且不管釣不釣的到都得付費，聰明老闆從捕魚的（品牌）就變成了經營魚池的（自媒體）。

品牌IP化，把顧客變粉絲

　　這個挖水塘養魚的故事，其實就是現在品牌常見的圈粉行銷。很多人會飛越半個地球只為了去義大利買一個精品包，也會為了買一杯熱門飲料排隊幾個小時，當你的品牌變成了大家追隨的IP（智慧財產），就能產生更多品牌的延伸效益。IP是英文Intellectual Property的縮寫，它可以是故事、形象、流行文化、電影、遊戲或是一個品牌，差別是一般品牌的顧客叫消費者，但IP的顧客我們叫「粉絲（Fans）」粉絲跟顧客最大的差別是對你的熱衷程度，只要能聚集大量粉絲支持，就可以延伸成各種

形式的延伸商品，最容易理解的IP就是Hollo Kitty，它自己會出很多Hollo Kitty官方商品，也會授權給其它品牌將Hollo Kitty製作成更多商品，先收一筆授權金後，對方每賣出一件商品還要再分潤5%利潤給Hollo Kitty的公司。其它像迪士尼、復仇者聯盟都是成功的IP，不但有自己的電影，還能將這股粉絲對它的熱愛轉換到各種周邊應用上，只要他的粉絲持續狂熱，就像擁有一個很大的魚池，消費者游進來就變成了粉絲，想賺錢的時候就做一個商品丟進魚池裡，魚群就會瘋狂的搶購，再也不需要花那麼多的行銷預算去攔截河流裡的魚，因為你圈的池子越大，魚群越多，你根本不需要工具只要站在岸邊就能收錢了。

　　蘋果公司也是一個品牌IP化的成功商業案例。我公司有兩位IT技術主管，本來彼此因為競爭所以常針鋒相對，有一天我進辦公室發現他們倆聚在一起有說有笑討論什麼事，我好奇走過去，發現他們手上都戴了一隻Apple Watch，臉上充滿著得意的光采。我問他們為什麼要把

之前好幾萬買的名表換成這隻電子錶，其中一位主管說她女朋友常常連絡他，如果戴上這支手表，Line的訊息就不會漏接了。我非常質疑的問他，女生最討厭已讀不回了，這支錶螢幕那麼小就算裝了Line要怎麼回？另一位主管說：「就拿出手機回啊！」我更疑惑的問他那為什麼不拿手機看、拿手機回就好，買Apple Watch多此一舉要幹嘛？最後兩個主管異口同聲，滿臉不屑的回我：「齁！你不懂啦！」悻悻然揚長而去。經過這件事我終於發現那句「齁！你不懂啦！」代表的是「他們是果粉，我不是！」只要Apple神教推出了什麼新玩意，就會有一票人整晚不睡守在電腦前看發表會直播，產品推出的時候，就會有一群人在Apple Store門口大排長龍，大家不只炫耀他們買的新Apple手機，也會炫耀他們買的第一代Apple手機、第一台Apple電腦、第一台Apple筆電……是哪一個年代入手的，互相吹噓自己才是蘋果的忠實用戶，這就是圈池養魚，品牌IP化，把顧客變粉絲的威力。

流量為王，讓別人幫你養魚

　　另一種魚池常見的獲利方式，就像Facebook和Line從沒跟你收錢，只專心衝高自己的品牌知名度與用戶人數。這裡之所以說「用戶」而不是「消費者」是因為使用者並沒有付費給Facebook，沒有消費當然不叫消費者。用戶因為不收費又有那麼多好用的功能，所以會毫

不猶豫的加入會員成為魚塘裡的魚。雖然這些人不像粉絲那麼瘋狂，但這麼多用戶每天平均打開FB數十次，行為也堪稱粉絲了，試想在電視時代會有人一天打開電視數十次嗎？

　　當平台裡的會員人數越來越多時，就產生了廣告效益，想對這群人做廣告的品牌就只能乖乖付錢。Facebook知道很多品牌都希望像他們一樣有個自己的魚池，於是又開放了品牌在Facebook上經營自己的粉絲團。品牌努力的把魚群都導來這個分租的小魚池，整個池塘養的魚就更多了，而且不再需要自己花錢做行銷，別人幫你照顧魚還能收費。Facebook沒親自抓魚卻一樣收到了錢，這就是傳統行銷跟現在行銷方式的差異。不過想要像Facebook一樣靠用戶人數賺錢並不容易，因為用戶只會去最有名，人數最多的平台當會員，誰先衝高品牌知名度聚集最多粉，就有機會壟斷市場。過去行銷的目的是藉著廣告賣出產品，現在卻變成努力提高品牌知名度，先圈粉再抓魚，一樣是行銷但作法大大不同。

逆成本行銷瘋狂分享轉傳

　　做行銷很花錢，但是不做行銷的成本更高。那麼有沒有既省錢又可以創造行銷效果的方法，那一定要懂得如何運用「逆成本行銷」。逆成本行銷其實是一個行銷新詞，亦即利用有趣的品牌內容去引起消費者的注意。這樣的內容通常以影片的方式呈現，在他們瘋狂轉傳分享

的時候，把品牌的形象或訊息推播出去。想要將這樣的品牌內容被分享，一定要有非常吸睛的內容，只要在前期讓更多人看到這支影片，自然能像自帶高動力一樣擴散開來，因此宣傳成本非常低廉，甚至低到不花成本。

案例分析：超服貼水面膜

有一個面膜商人，嘗試了很多行銷方式都沒起色，因為大家都不相信他的面膜真的有那麼厲害，於是他臉上敷著自己的面膜從飛機上跳下去，全程高空直播。想不到落地後面膜還是吸附在臉上，並沒有因為水份消失太快而失去黏性。這支影片並沒有太多後製處理，而且也只是使用最簡單的GoPro拍攝，反而這樣的真實感讓網友瘋狂轉寄分享，直呼太神了，因此立即成為爆紅產品，瞬間銷售一空。

品牌的生命週期與行銷目標

一個產品從導入市場到退出市場大概會經歷五個階段，依序是產品上市期、成長期、成熟期、衰退期、淘汰期。每個階段遇到的挑戰和行銷目標都不同，每個階段持續的時間也不同，像可口可樂這樣的老品牌，當年上市時可能要花上數十年，才能讓從沒看過可樂的消費者接受它並產生飲用習慣，但等到成熟期可能就能平穩維

持上百年。當你發現業績開始衰退，敵人卻是消費者健康意識抬頭時，就算你用盡行銷預算都可能無法力挽狂瀾。在被淘汰前就可能要思考是否推出更健康的可口可樂，或是再成立新的健康系飲品來補足失去的市場。如果我們能夠知道自己的產品正處於哪一個時期，就能找到當前的核心目標和進入下一期的挑戰是什麼。

❶上市期策略

此時期的行銷目標，主要在引起消費者的注意，創造產品的知名度與話題性，並鼓勵消費者多接觸使用我們的產品，免費產品體驗活動是必須的，通常必須投入足夠的行銷資源，才能讓消費者知道我們的存在，因此要有面對大量消耗的準備。

❷成長期策略

成長階段的行銷策略通常以大量增加產品銷售為主，將面臨與對手在市場占有率的直接競爭，削價競爭會導致利潤降低。

· 協助改善產品形象，加強產品形式、外觀等。

· 進入新的區隔市場。

· 進入新的通路系統→電商、O2O、新零售。

· 將認知性廣告轉移成說明性廣告，並設法吸引消費者興趣及意願。

· 適時調整價格及促銷，以吸引對手消費者試用。

❸ 成熟期策略

開始逐步修正市場，已經成熟的產品一定要趕快發展出新出路，以免衰退期太快到來。最常見的作法就是延伸產品版圖，或創造新的使用時機點。

· 增加現行使用者的使用量／頻率。

· 創造新的使用時機。

· 增加產品新用途。

· 鼓勵競爭者的顧客轉換品牌。

❹ 衰退期策略

確認產品衰退原因，重新定義產品及轉換消費者。

建議別再做大量宣傳，偶爾做促銷慢慢賣，不要太快離開市場就好。

❺ 淘汰期策略

一旦產品進入淘汰期，就別戀戰，要思考的是目前使用的品牌資產還有沒有利用價值，例如將品牌延伸成不同的商品重新上市，或者是將品牌轉手賣給其它品牌。

溝通故事力

好的故事可以增加好感度
進而心動購買
是最不花錢的銷售武器

故事是品牌最好的銷售員，也是你最不花成本的銷售武器，好的故事可以影響人的觀念，使顧客卸下心防，還能透過故事中的情感，來轉移過於理性的注意力，並讓他們心動進而建立品牌的好感度，讓你的品牌佔據顧客心中最有利的位置。能夠講一個富有感染力的故事，能讓顧客敞開心扉，一起分享他們自己的故事，所以廣告公司的創意總監都很會講故事，因為這是拉近距離、賣掉產品的第一步。

為何說一個動人的故事能成為建立品牌的重要原因？就是因為相較其它行銷工具而言，講故事比較能夠吸引顧客的注意，並且產生互動關係；而且故事能穿透顧客大腦中的決策單位不斷產生刺激，可以使你的產品更容易被顧客記住，更能夠讓你增加品牌的心理價值。還有一個重要性，就是當你在講故事時只要換個語氣，就可以中斷原本很緊張的氣氛，突出你想表達的觀點，讓別人

融入你的品牌情境裡，讓你從一堆競爭者中脫穎而出。看廣告時，消費者其實是在看你用來銷售的產品故事。透過故事傳遞品牌精神的十大優點：

❶ 故事可以讓客戶放鬆，並且專心聽你講。

❷ 講故事有助於建立良好的人際關係。

❸ 故事可以直接影響你大腦中的決策部位。

❹ 故事可以讓客戶更容易記住你你的想法和商品。

❺ 講故事可以增加你的產品價值。

❻ 這角色講故事可以突出你的主要觀點。

❼ 故事有連續性。

❽ 講故事可以讓你更加真實。

❾ 客戶會想聽你講更多的故事。

❿ 講故事比千篇一律的銷售說辭有趣得多。

品牌故事的18種切入角度

想要構築好一個品牌故事，必須找到你品牌裡會令人感動的元素或讓人印象深刻的部分，品牌故事可以從公司角度出發、也可以從創辦人出發、從產品出發、或從理念與願景出發，要由哪種角度出發並沒有限制，但一定要讓人

有感。我從過去20年撰寫過無數品牌故事的經驗，整理出18種品牌故事的切入角度，幫助大家從中去找到自己公司的品牌故事。

❶ 從為何創業或研發產品動機來講故事。

❷ 我為什麼想做這份工作？或選擇這個產業？

❸ 原本不知道，後來因為發生何事而找到人生使命的故事。

❹ 關於你公司成立的故事。

❺ 合夥人的故事。

❻ 公司不同於其他競爭者的故事。

❼ 世界上某位專家的故事。

❽ 如何發明或發現你產品的故事？

❾ 客戶使用產品和成功的故事。

❿ 別人成功的故事。

⓫ 增加產品價值的故事。

⓬ 值得總結的經驗教訓的故事。

⓭ 真實存在的競爭故事。

⓮ 產品原料的故事

⑮ 從產品的特色來講故事。

⑯ 從影響產生的影響力來講故事。

⑰ 從顧客為什麼需要這個產品來講故事？

⑱ 想幫助哪些人來講故事？

成功案例分享：WomanCan 凱菲醫美的品牌故事

有一位女孩，大學時長得不好看，但是她卻為她的不好看感到驕傲，甚至同情那些長得好看的女生。她覺得女孩子想要變好看，目的就是為了要找到一個深愛她的男人，而她已經有一個青梅竹馬的男朋友了，所以他不用再變得更美，男朋友喜歡的她就是現在的樣子。如果即使自己不好看都能有人愛她，未來一定更加幸福。她每次看到有很多女孩想買衣服、想要打扮自己、想變得漂亮、想變得苗條……，她都會用同情的眼神看那些女孩說：「加油，妳有一天一定能夠找到像我男友一樣，這麼愛妳的男朋友。」

畢業之後。這對男女朋友各自在不同的地方上班。兩人的公司，一個在東、一個在西有一段距離。兩人常常忙於加班，見面時間越來越少了。有一天，女孩加班時打電話給她的男朋友說：「寶貝，今天是你的生日，我不能幫你慶祝生日，你會不會怪我？」男朋友說：「沒關係，我公司今天也要加班，反正再過兩天我們就要放假了。到時再補過生日也不遲，我要去開會了，先不跟你說囉。」女孩聽完靈機一動，馬上跟老闆請了半小時的假。接著戴

上安全帽，騎車去買了一個奶油蛋糕想給男友送去。她為了給她男友驚喜，到了男友的公司樓下，她再三確認她男友是不是在公司。她撥了電話：「寶貝，今天不能陪你，你真的都不生氣嗎？」男友說：「沒事。我在開會中，晚點再打給妳喲。」接著聽到嗶的一聲電話就掛了。女孩子心想，那就把蛋糕放到男生公司的櫃台上，再電話通知他出來拿，到時開會的男友可以和同事分享蛋糕慶生，一定會很開心。

正當拿下安全帽的時候，男朋友從大樓電梯走出來，她在對面馬路看到之後，馬上想要大叫男友的名字；但話還沒說出口，一個女生馬上尾隨上前勾住了她男友的手臂。她男友的名字正喊到嘴邊，卻發現喉嚨突然被鎖住了，怎麼用力也叫不出聲音，他想移動腳步，腳卻像生了根，粘死在地板上一動也無法動，就像被閃電打在身上她，整個腦袋嗡嗡作響。不知過了多久，他才從噩夢中醒來，她回想那個女生長相甜美、身材玲瓏有致、五官精緻、穿著時尚。而她……就像掉在地上那坨奶油蛋糕一樣摔得稀巴爛。她非常的難過，她告訴自己，如果她因為長得不好看，幸福需要靠男生施捨，有一天她一定要重新拿回自己的幸福。於是她跟男友分手後每天健身、學習打扮、學習化妝、甚至開始整形，她終於如願的變成了一個非常美麗動人的女孩，並且嫁入了豪門。

所有的人都非常羨慕她，就像白雪公主遇上白馬王子一樣。她也覺得老天終於還給她一份幸福。有天夜裡，她老公回家了卻遲遲沒有進入房門，他好奇的去客廳尋

找她的先生，但是客廳裡沒人，廚房也沒人，廁所也沒有。他循著濃濃酒氣來到了菲傭瑪利亞的房間，半掩的門裡，從門縫中他看到了她不想看到的事實。因怕吵醒了公婆，淡定的將房門關上，她回到房間呆坐在床上直到天亮，等到她的先生進房。她生氣的咄咄逼人問他，昨晚去了哪裡？先生不耐煩的說，我昨晚回來了，喝醉了在客廳睡覺。他又繼續再三逼問他，最後兩人甚至開始拉扯。她先生不耐煩的推開了她，結果她摔倒在地，意外的讓剛懷孕的孩子流掉了，最後他們離了婚。

這一次她哭得更傷心了，因為以前她長得不漂亮，所以得不到愛情；但是她現在已經成為每一個人都羨慕的美女，為什麼她的愛情還是要透過男人來施捨？離婚後他拿著贍養費開了一間醫美診所，她想要告訴全世界所有想要變美的女人，女人不要為了取悅男人而美，女人最好的投資就是自己，因為自己永遠不會背叛自己。

她從沒當過老闆也不懂得如何經營公司，所以急需我的協助。這是一個很感人的故事，但是這個品牌名對消費者並沒有傳播上的意義。因此，我用凱非的「凱」幫她重新取了一個新的英文名，叫做《WomanCan凱菲時尚醫美》。品牌主張（Slogan）叫「女人大無畏」，意思是女人年紀大了之後，可以當一個沒有味道的女人，或是選擇當一個有自信、無所畏懼的女人。雖然WomanCan不是資歷最老的醫美，設備也不一是全世界最新的，但WomanCan裡的每一個夥伴，都瞭解女人想要變美的目的。我們希望每一個女人，都能夠透過

自己的努力，掙回自己的幸福。女人最好的投資就是自己，因為只有自己永遠不會背叛自己。我們常常鼓勵那些天生貧窮的人靠雙手去實現自己的人生財富，但對那些天生不好看的女人，努力的去爭取自己的美麗，卻得到負面的評價。WomanCan知道一個女人想讓自己變成自己喜歡的樣子，得付出多大的勇敢。女人大無畏，就是希望每一個女人都能夠勇敢的去面對，去追求自己的精彩。「我不完美，但我很美」這就是WomanCan女人大無畏。

成功案例分享：百米良田

2018某個寒冷晚上，在演講結束之後，有位原住民小農來找我。他說他本來是科技廠的主管，他的老婆在台北開餐館。他的工作是每天飛來飛去，在全世界各地洽談生意，一家人聚少離多。

因為身體不舒服去醫院做了檢查，醫生告訴他罹患了癌症。他的孩子還小，根本沒辦法接受這個事實。他問醫生說，我還有多久的壽命？醫生說，最多三個月。於是他帶著孩子跟老婆，回到了花蓮部落，希望全家人能夠在一起，跟世界好好道別。

回到部落後，聞到了空氣中濃濃刺鼻的農藥味，他想起以前小時候唱的兒歌「哥哥爸爸帶我去田裡捉泥鰍」只是泥鰍再也不可能出現，因為田裡到處都是農藥，泥巴裡也有農藥，要是孩子不小心玩泥巴碰觸到嘴邊或許

還會中毒。村長阿婆每天經常會接到村民農藥中毒的電話，需要幫忙送醫院急診。他已經失去了健康，當然希望自己的爸爸跟哥哥都能夠健康，他到處的找人教他怎麼種植有機稻米，甚至拜訪各地的農改所研究改善土壤的方法。於是他將所有的積蓄，都用來將田裡的土全部刨去，重新換成了新的土壤。希望讓爸爸哥哥、叔叔伯伯們，都能夠改種有機稻米。他們透過將各種米不斷的混種，成功培育出了一個新米種，但是化驗之後發現，這款有機稻米所含有的澱粉值只有正常白米的30%。一般人吃米就是為了補充營養，一個沒有營養的米農會根本不願意收購，最後他們整批米用極低的價錢賣給了馬來西亞的收購者。花了那麼多錢換土，又花了那麼多心力種植，最後還賠了錢，親朋好友對他都非常不諒解。

我聽完這個故事之後問他，他是哪一年得到癌症？他說是2012年，而我們見面的時候卻是2018年的冬天。我說當時老天只給你三個月的壽命，而你卻好好的活到了現在，肯定是老天給了你更重要的使命。上天把禮物交給了你，只是你還沒發現而已。我又問他現在還有多少米？他說賣剩的都是沒脫殼的種子，不種的原因一是因為沒有錢，就沒有農夫願意一起來種這批米。第二是就算種出來也不知道怎麼賣，剩下的米種都還放在冷凍庫裡保存著。我告訴他，這就是上天給的禮物，因為糖尿病患者必須控制血糖，不能食用過多的澱粉，他們最大的痛點就是每餐只能吃半碗飯，永遠吃不飽。糙米雖然營養又沒有澱粉，但太難吃所以家裡孩子甚至孫子，都

不願意陪爸媽一起用餐。他手上這批米種擁有白米的口感，但澱粉質卻只有正常白米的30%，根本就是糖尿病患者跟減肥需求者的福音。於是我們立即投資他，並義務幫他成立的百米良田的健康米品牌。他們參加了2019日本食品展，因為這批珍貴的米種，全場吸引了大量媒體注意，連日本皇室都跟他們下訂，並且2019年八月還獲得了台灣最佳米冠軍，不只米本身有故事，口感也是絕倫。

就像馬跟驢混種的孩子叫騾，騾是無法繁衍下一代的；但百米良田的低澱粉米卻能穩定種植，能種出這樣的米完全是老天給的恩惠。如果一代代的混種，永遠不知道什麼條件下可以種出這樣的米來。全世界只有百米良田擁有這麼特別的米種，而且還是在東部海岸山脈背面200公尺高的山裡種植，雨水大量沖刷礦物質來到田裡，周圍無任何工廠污染，馬上引起日本奧運用米的關注。現在全程以聯合國最高食安標準進行栽種，除了老天，也只有老天能給我們這樣的米，老天賞飯吃就是百米良田的故事。

從上面兩個案例來看。這兩個故事都有同一個特點。故事的結論就是利用溫度去促使你認同這個品牌並購買他們的產品。但是我們放棄了去形容產品好壞，而是從創辦人的創業動機去展開他的品牌故事，他跟別人的產品有何不同？他能為誰解決什麼痛點？他又希望打造出什麼樣的未來？品牌故事不是要你針對自己去說那些消費者不想聽的八股故事。品牌故事最重要的是溫度，而不

是那些大事記，當品牌有了溫度，產品自然有了價值，品牌自然會產生感染力跟銷售能力，希望以後大家在想品牌故事的時候都要能夠把握。「終為始」的概念精神，寫出真正動人的品牌故事。

建立品牌行銷生態系統

思考消費者的決策旅程
部署行銷戰略
完美呈現品牌價值

消費者在選擇每個產品的時候，都一定有一個決策過程。所以在部署一個行銷戰略的時候，你也必須從消費者決策旅程（Consumer Journey）的角度去思考，在什麼時候、哪個地方要做什麼事。從每個步驟中找出你行銷中弱勢或有待補強的部分，予以強化。

第一步：創造話題，引起注意

當一個新產品或新品牌推出時，大部分的消費者都不了解你，也不知道你的存在，所以品牌要做的第一件事就是引起他的注意，讓他發現你的存在，甚至最好能引起他們的討論與話題。

傳統大品牌的行銷方式就是找名人當代言人在電視上狠打一波廣告，除了電視，也要增加很多的接觸點在消費

者有可能出沒的地方來攔截他們，例如戶外廣告、公車車體、捷運車廂、網路廣告、電台廣播、知名網紅開箱推薦等，但是這樣的行銷組合一個月可能會燒掉兩三千萬，在新創公司行銷預算不足的時候根本不可行。創造話題要花很多腦筋，卻不一定要花很多錢，例如前面提到有個面膜老闆，本來公司產品滯銷快倒閉，結果他貼著自己的面膜從飛機上跳下來，面膜服服貼貼的到了地面還是水潤保濕，因此影片被大量轉寄分享，創造了話題也創造了品牌知名度。

第二步：製造搜尋標的

當消費者開始注意到你的品牌或產品時，他們不一定會先去網站看你的商品，他們會先搜尋看看有沒有其他網友使用過你的產品。因為所有的廣告都一定會說自己的產品好，根本不可信，他們會想透過別人的評價或推薦，知道你說的話，是不是真的那麼神，才能夠幫助他下購買的決定。在這個時候你必須要做好網路被搜尋時的內容管理，除了SEO、SEM這種網站搜尋優化之外，更應該要做的是關鍵字、網紅開箱文、論壇的討論文，或者鼓勵已經使用過的消費者多上網製造口碑。這些內容都可以幫助你在網絡上被搜尋到時，可以看到很多對你有利的內容，如果他搜尋完你根本不在搜尋列表第一頁、或者出現壞評價，那他肯定直接忽略你的品牌去買它牌。

知名網紅KOL都很貴，主要是用來吸引網友關注的，但你可以找更多微網紅或素人來寫推薦文或影片，因為我們這個階段的目的是製造被搜尋的內容，當你的內容越多越有可能把競爭者的內容擠出搜尋頁第一頁。千萬要記得一件事，在網路上你的鄰居就是你最大的敵人，因為被搜尋在一起通常都是賣一樣商品的品牌，如果大家都沒花關鍵字廣告費，內容多、跟時間久的通常會排在搜尋排序之前，因此內容行銷越早做越好。

第三步：把網站當門市，銷售五大招

　　搜尋到很多網路評價後，網友就會開始到你的網站上來。既然他都進來網站了當然是對你的品牌及產品很有興趣。他一進到網站後，你就必須要努力去說服他下單，去購買你的產品。但很多品牌的網站只是擁有購物車功能的電子型錄，而不是一個具有銷售能力的電商網站，你只是把產品拍的漂漂亮亮再加上規格和價格，無法成為購買的最後一哩路。這時你就必須把你的網站當做是一個百貨公司的門市來經營，在百貨公司設專櫃你會很重視裝潢門面；但很多人的網站很醜，一個具有銷售能力的網站必須自己能說話，能夠說服進站的顧客購買產品。所謂的能說話不是指要有語音介紹功能，而是有一套介紹產品的邏輯，通常我的做法是：

	方法	內容
1	挖深痛點	沒有使用這個產品，會遇到什麼樣的痛。
2	放大夢點	使用這個產品後，你會獲得怎樣的利益。
3	價值主張	這產品可以對什麼人貢獻怎麼樣的價值。 產品可信的原因何在？（RTB, Reason to Believe）
4	強力證言	哪位大師提出的論點、名人推薦、使用者分享。
5	加入會員	給他優惠並讓網友加入會員，以後可發簡訊、會員信或Line@。
6	限時限量	提出一旦離開網站就失去的優惠方案，逼他當下成交。

在電視購物台或傳銷商也常會看到這個說服流程，因為這是測試過最有效的方法。人天生就會逃避痛苦、追求快樂，因此第一招是，刺中消費者的痛點，讓他想到不好的回憶，例如因為肥胖所以男友劈腿，這時消費者會陷入失衡。第二招是放大他使用產品後的美夢（利益點），例如如果瘦身後穿上性感貼身的短洋裝，前男友看到你有多後悔，這時他會開始失衡。第三招就是說明你的產品可以幫人解決怎樣的問題，這叫產品價值主張，並且要溝通產品解決問題的原因，就是RTB（Reason To Believe），讓他相信這個產品具有極大的功效？第四招是專家背書，例如國內外的認證，像歐盟有機認證或是美國FDA食品安全認證，或是找專家，有博士找博士、沒博士找名人、沒名人找使用過的人。如果都沒有適合的人可以幫你證言，就找名人曾說過的相關至理名言。例如減重產品可以引用裕隆集團前董事

長嚴凱泰先生說過的話：「連體重都管理不好，還能去管理什麼！」雖然不是證言但極具說服力。第五招是加入會員，很多人忽略讓網友加入會員的好處，但所有的行銷最難的是找到精準消費者，既然都進入網站了肯定是有興趣的目標對象，所以雖然對方不一定購買產品，如果能留下資料，未來就可以發E-DM或Line@通知。有了E-Mail也可以使用Google或FB的再行銷（ReMarketing），針對曾經到過網站的目標消費者進行廣告投放，提醒他們再次前來購物。最後一招是限時限量，既然行銷費用都已經花了，顧客好不容易上門，千萬不要讓他們跑掉，所以可以針對第一次加入會員的顧客使出限時優惠，例如在離開網頁前只要購買就可享有五折折扣或產品加值送，這時候當他要關閉網頁時就會開始思考，這產品是不是真的能幫助他，如果可以現在不買就太可惜，逼他們立即購買。當他們離開網站後不知道哪天會再回來，一定要盡可能的成交，創造體驗產品、建立口碑的機會。

你一定要把你的品牌官網當做是一間店來經營，其實很多小品牌做的網站，都做得非常隨便。當你在逛百貨公司的時候，你看到專櫃很漂亮，你會對這個品牌有信心。網站也是一樣的，網站一定要能代表你的品牌，能幫你的產品加分，寧可多花一點錢，找一個優質的設計團隊，幫你把網站打造的跟大品牌一樣。大品牌跟小品牌，在設計網站價錢不會差太多，但到了店面門市，大品牌花的裝潢費可能就會壓垮小品牌，所以在網路上面

你只要把網站做的有質感，每個上來的人都會覺得你是個大品牌，因此網站投資絕對有價值。

第四步：顧客體驗

當消費者看過這麼多的產品資訊後，他就會開始思考，你的產品是不是真的像你說的這麼好，最好的方法就是讓他買一個體驗看看。如果假設這種產品是高關心度、高涉入度的產品，需要時間考慮，那最好可以請他在網上留下資料，例如汽車常會線上預約來店賞車的活動；或是在目標對象常出沒的地方，利用上班族中午休息外出用餐的時候，提供他們體驗型產品；或是在賣場針對主婦發送，重點就是地點要選擇目標消費者聚集之處，否則將產品給了不對的人，卻不一定會產生刺激購買的效果；再來是你的產品要有體驗的明確感受，如果像保健食品食用感覺不夠明確，體驗效果不好，那這方法就千萬別嘗試。

第五步：通路銷售

現在產品銷售的管道越來越多，線上電商、線下門市（Online to Offline）、新零售、團購、傳銷、直播、聯盟行銷……，甚至微信、Line等社群通訊工具還發展出微商、Line商，只要網友分享產品資訊，而銷售出去的產品，將可獲得一定比例的利潤。銷售要注意的就是要

把鋪貨當作是一種行銷，例如全台灣的便利商店貨架上都放了你的產品，那麼這些貨架其實也為你的品牌進行了大量曝光，因此銷售通路本身也是行銷的重要一環。

第六步：再銷售

所有的行銷，獲得顧客的單人成本其實是蠻高的，例如你做了廣告、網站、活動、社群……花了100萬，吸引100人上你公司的網站買東西，那代表說每個人的平均引流費用就花了1萬元。如果假設來了500人，那就是每人2000元。再購買的目的就是，當顧客上門的時候，你就要想辦法再賣出更多東西給他，可以善用像各種CRM顧客管理工具，或者是大數據來瞭解客戶使用產品的情況。別小看這個動作，當年台灣首富王永慶就是因為在開米行時，精準的計算他的顧客買一包米吃多久，每次在米吃完前就主動提醒對方買米，才慢慢累積出成立台塑的本錢，因此顧客關係管理是做行銷很重要的工具。透過顧客管理的分成模式你可以分成顧客等級，VIP等級的顧客，只要他買東西就給予優惠的折扣，目的就是鼓勵顧客不斷的再購買，讓之前投資的行銷成本能夠攤提掉，否則你會發現有一天你不花錢做行銷，產品就賣不動，行銷的成本壓力就很大。當然如果妥善的經營，把VIP做到極致，讓他成為你的股東、合伙人，我相信以後公司生產任何產品，他一定是非買不可的鐵粉。

品牌行銷總結

當一個產品市場越成熟，就一定會產生許多相似的競爭者出現。你的產品跟對手的差異會越來越不明顯，如何避開對手的鋒芒，找到他產品的弱勢之處，見縫插針搶占市場，靠的就是競爭者的分析夠不夠完整。

一個事業想要做的久，要注意社會環境的分析，比如環境變遷、消費趨勢等。什麼是趨勢？要不要趁著趨勢打蛇隨棍上，靠的就是你的產品到底有多少支持點能夠把趨勢變成你的優勢。再來這個趨勢到底是真趨勢還是假趨勢？很多人覺得有機食品是個趨勢、綠能是個趨勢、AI 是個趨勢、區塊鏈是個趨勢，但這些所謂的趨勢到目前還沒有產生足夠的市場銷售動能，代表這個趨勢的滲透率還不夠高。光是綁定趨勢，未必就能夠提高你產品的銷售量，所以分析跟判斷就顯得格外重要。

台灣經濟部統計，90%的企業在第一年創業的時候會面臨失敗；最後的10%在未來的三年內能存活下來的不到3家，其實最大原因，不是因為企業缺乏資金，而是因為不懂得做行銷。品牌知名度高、行銷強自然能帶動公司的銷售業績。大品牌每年都會花費驚人的預算，委託大型廣告公司幫他們做行銷，這些廣告公司擁有非常多的成功與失敗案例和經驗，所以還沒做之前就已經知道機會點在哪裡；但小公司連產品都還沒開始賣，怎麼可能有錢做行銷？因此每一個創業的執行長都必須自己懂得怎麼做行銷，不管是未來公司的估值，或是吸引創投來投資你，都取決於你自身產品的獲利能力，只有把今天

活下去了，明天飛來的錢才有意義。

　關於品牌行銷是這本書裡面占的篇幅最多的，不只是因為我是廣告集團的執行長，擁有20多年全球百大品牌的行銷經驗；而是因為品牌行銷，的確是現在所有中小企業最缺乏的專業知識，我們看全世界最大的企業家，都擁有品牌知名度極高的事業，而且創業家本身就是非常會行銷自己並具有市場價值的個人品牌。我特別希望如果你真的選擇要創業，你應該要去思考如何建立你的個人品牌以及企業品牌，當你有了知名度，公司就有了品牌力，產品就有了銷售力。唯有銷售可持續，企業的價值才可持續。當你缺乏資源的時候，投資者會從聽過的公司先投資；當需要買產品的時候，也會從大家聽過的產品中去做挑選；當你是一家有品牌力的公司且缺人才的時候，所有的一流好手都會想去你的身邊貢獻心力。品牌行銷是一個企業家絕對要知道的熱知識，希望大家在看完品牌行銷這個章節之後，都能夠為自己和企業找到一個具有銷售力的品牌行銷之道，讓自己的品牌價值持續發光。

CHAPTER 4

股權策略

善用股權與資本迅速融人融錢

4-1

甚麼是股權策略

外部融資
內部融智
加速新創企業發展的最佳方法

過去的創業時代是僱傭關係的時代，老闆透過發薪水的方式聘僱一個團隊來經營一家公司。今天創業已經進入到一個合夥關係的時代，透過股權策略創業家可以將重要核心幹部變成公司的合夥人；並且透過股權去吸引外部投資人將資金注入公司，同時從內部及外部為企業帶來強大的成長動力。

但是什麼叫做股權呢？很多人買過上市公司發行的股票，卻對股權非常陌生。所謂的「股票（stock）」是公司發行給投資人作為擁有公司所有權的有價憑證。股票的持有者則稱為「股東」，而「股權」則是股東投資公司後所享的權利。擁有股權就可以依照持有比例去享受公司成長帶來的利益，但也會承擔公司營運失利所帶來的風險。

通常擁有一間公司的股權就連帶擁有了許多股東權利。例如：投資受益權、表決權、選舉權、經營管理權、質

導論　企業頂層戰略　商業模式　品牌行銷　**股權策略**　總結

詢權、知情權、轉讓權、分配權、認購權、訴送權⋯⋯等，擁有公司1%的股份則擁有1%的股東權利。通常我們所熟知的股票買賣都是已上市的大企業，例如台積電1994年上市至今總共發行了將近260億股（一張股票等於1000股），買了一張股票僅是該公司發行的2千6百萬張股票其中之一，就算擁有1000張股票也不見得就能在股東大會上擁有一張位子。如果你存了很久的錢才買得起一張大公司的股票，可想見創始股東們手上擁有的股票數量價值有多麼龐大。

很多人不喜歡借錢，覺得用借來的錢開公司是一件不好的事。但發行股票就是上市公司玩的募資遊戲，買股票就是把錢投資給那間公司，不過要上市可不是那麼容易的事。在台灣新創公司上市前也不能針對一般大眾（非特定對象）公開募資，但可以私下找人（特定對象）買賣；不過股份是公司資產，你不能在過戶前私下轉讓贈與，公司將股份移轉出去就要有錢進公司的帳。以前公司法規定一股價格不得低於10元，所以一張股票等於一萬元，當你花錢跟公司買了股票，這時才能拿來轉讓。現在價格不受限於10元了，每間公司的股票面額也不一定。上市公司會隨著企業發展產生股票面額的高低，新創公司也會隨著企業發展股價反應在估值或市值上，兩者的投資原理都一樣，低價值時持有，高價值時賣出，賺取價差，平常賺取營業增長帶來每股分紅。

新創企業在成立初期一定會面對人力資金雙雙匱乏的窘境。由於新創公司的股權具有很大的增值空間，如果

執行長能夠善用股權策略，不管是向內留人留心、向外融資併購，都是可以加速企業發展的經營工具。例如外商公司的高階主管，他一年的薪水可能比一間新創小公司的資本額還高，如果挖角他能夠讓你的公司少摸索好幾年，就可以對他提出低底薪加股權或期權（服務幾年期滿，就擁有公司正式股權）的條件。雖然低薪資也許僅夠滿足他的生活開支，相較於在其它公司付出三年的時間薪水只調了幾%，在你公司卻可能因為IPO上市，突然間手中的股權價值爆漲數百倍。經營事業也一樣，當別人的工廠準備將過去數十年賺來的錢成立第二家工廠時，雖然你只是個新公司，透過出讓股權快速募集了一筆資金進來，你就能直接省下十年，直接單挑對手。

人無股權不富，股權成為投資潮流

近年來股權投資越來越盛行，因為股票通常談的是擁有的張數，賺的是漲跌的%數；但股權通常談的是持股的比例，只要企業不斷成長，1%的股權就能持續不斷創造驚人增值，所以賺的是投資的倍數。通常股票都是由上市公司發行後在股市交易，投資標的都是那些已經資本雄厚的企業。他們發行的股數也多，用一百萬買一張股票，可能只佔一個上市公司的九牛一毛，連該公司持股的0.00001%都不到，根本不可能參與公司決策。上市公司也不可能說倒就倒，所以追求的是以穩健為基礎的增值空間。股權賺的是倍數，大部分的股權投資都是針對尚未上市的新創公司，這些企業的規模不大，甚至可能

連商業模式都還不具體，投資一百萬可能已經佔了新創公司資本額的10%股份，當這些公司長大後，投資報酬率就會高的讓你不敢相信，不過要承擔的企業創業失敗風險也是很高的，所以高風險高報酬就是股權投資的美麗與哀愁。簡言之，投權投資的邏輯就是趁著新創公司股票上市前估值還低的時候投資他們，等到他們企業做大了，企業價值高的時候賣出股份以賺取價差。近年股權投資成長最快速的地區除了歐美外就是中國，因此我們拿兩個大陸新創公司投資案例跟大家做說明。

1999年，阿里巴巴的創辦人馬雲，在杭州湖畔的家裡招集了全公司18位員工。馬雲對他們說公司遇到了很大的危難，資金即將用盡也發不出薪水，但他堅信阿里巴巴的未來一定無比康莊，於是他努力說服了大家，要大家除了留下一點生活費，把手上所有的閒錢都拿出來投資公司。但投資公司的錢千萬不能向家人、朋友借，因為失敗的風險很高。這些東拼西湊的250萬台幣（50萬人民幣）就是馬雲阿里巴巴的第一筆投資金，這18位員工

投資與籌資方式差別

交易對象	投資方角度(出資)	經營方角度(籌資)
銀行	定存10年利息不高	無抵押擔保，借不多、利息高
股票	花很多錢買到的股份卻很少	公司未上市，無法發行股票募資
買股權	賺企業盈利分潤，也賺股權增值	別人出錢，我出力(賣小股就能換大錢)
賣股權	A輪買B輪賣，獲利驚人	搶錢、搶人、搶併購，全靠手中股權

兼合夥人每月拿2500台幣薪水，被稱為「阿里巴巴十八羅漢」；2014年阿里巴巴成立15年後在美國紐約交易所掛牌IPO，公司估值達到250億美金，創下有史以來最大的一筆IPO交易，從250萬台幣到250億美金，每個人的身價都瞬間成長了近數十萬倍；再三年後的2017年，阿里巴巴估值已接近3000億美金。

中國著名投資人王剛，曾投資了滴滴出行台幣約350萬（70萬人民幣）；四年後滴滴出行收購了Uber中國，投資回報遠超過台幣約350億（70億人民幣）。350萬台幣在北京大概僅能買個廁所，王剛卻在滴滴出行只有商業模式概念，連公司都還沒有的時候，就投資了滴滴出行的創辦人程維350萬，並陪著程維走過了一段艱困的四年。好幾次滴滴出行差點在對手的圍攻下給滅了，但最後透過一輪融資後收購了其中一個競爭者Uber，瞬間成為最大的市場佔有者，成功掃蕩了剩餘對手而一統天下，成為了中國交通出行領域絕對的領導者，儼然像《三國演義》的近代商戰版。王剛投資滴滴出行四年，手中的股權價值從350萬到350億台幣共倍增了一萬倍。

從這點來看，投資股票與投資股權，當然是股權的成長空間大。只要擁有了具前瞻性的潛力企業股權，就像擁有了一隻能夠不斷生金蛋的母雞所有權，問題在母雞剛生出來還不會生蛋時，你是否慧眼獨具的挑中他？當新創企業創業失敗率高達90%的現在，如果10年前的阿里巴巴或滴滴出行拿著募資計畫書在你面前出現時，說不定大部分的人還是寧可選擇購買相對穩定的上市公司股票吧！

你要成為賺錢的企業？還是值錢的企業？

講到股權我們要先理解一個概念，企業首要考慮的是「賺錢」的問題，第二則是「值錢」的問題，但「賺錢」跟「值錢」哪一個對企業的發展更重要？

很多新創企業家應該很質疑，既然叫新創企業，成立時間一定不久，基礎不穩的情況下，根本就還沒開始賺錢，怎麼可能值錢？今天我們綜觀許多大企業，即便創業經過很長的時間，不但沒有產生真正的獲利，甚至還背負巨大的虧損，這些沒賺錢還負債累累的企業卻反而更值錢，這是什麼原因？

以大陸的京東購物中心為例子，其實由財務報表顯示在2016以前京東都是虧損的，虧損高達94億美金，但到了2016年底突然轉虧為盈。為何一個虧損連年的企業可以突然做到500億美金的市值？因為京東商城雖然不賺錢，但京東的品牌價值卻非常值錢。如果中國第一大的阿里巴巴估值能到3000億美金，排名第二的京東商城當然也不會太低。再看一些互聯網平台的例子，像FB、Google、Yahoo、Line……這些社群工具平台從未向使用者收取過任何費用，從一個獲利能力的角度來看他們，其實這些企業一點盈利能力都沒有，產品開發了半天卻不能賺錢，這些公司根本毫無價值可言；但是他們的用戶人數與行為數據卻相當具有賺錢的潛力，當他們這些社群平台經營了一段時間之後，累積起了足夠龐大的用戶數量並與他們產生持續性的黏著力與影響力，這個企業就會像擁有一個養了數百萬條魚群的大水塘，什

麼時候要收錢？跟誰收錢？收多少錢？是他們自己決定什麼時候想開始賺錢的時間問題，這時平台的使用率可能已經遙遙領先了對手，就產生了商業價值的最大化。

　　一般靠收費盈利的企業，顧客跟企業的角色往往處於利益對立的位置，每增加一位收費顧客往往要去說服數十位潛在顧客，要花費的行銷推廣費用必然可觀，成長速度一定緩慢。不收費的企業，服務的對象不是「付費的顧客」而是「免費的用戶」，免費用戶成長的速度當然快過付費的顧客數，知名度跟影響力隨著使用率激增，當用戶每分每秒都已經無法離開你時，你就壟斷了某個特定興趣或行為的用戶族群，再靠會員人數及精準的會員行為數據向廣告商收取平台的廣告費，或吸引資本投資就相對容易多了。

　　另一個例子，在手機、雲端還沒普及的年代，電腦的CD-ROM的市場是非常賺錢的，因為每個人都需要靠光碟來燒錄備份資料、聽音樂、看影片。當時台灣的兩大光碟片生產工廠股票都非常值錢；但現在雲端儲存空間越來越方便，連筆電都放棄了搭載光碟機，持續盈利出現困難，更遑論這個企業能不能成長、到底值不值錢。曾經賺錢不等於未來值錢，過去不賺錢也不等於未來不值錢。新創企業家必須記住「企業的價值永遠大於企業利潤」，不僅在短期要追求企業利潤，更要在長期不斷累積品牌資產，讓你的企業變得更有價值，只要能提高企業價值就能提高你的「股權價值」。

企業獲利的三種思維

傳統企業家根深蒂固的獲利思維就是銷售商品賺取利潤。但從獲利方法來看,企業資金來源起碼有三種方式,其一是透過銷售產品或服務,透過各種行銷及通路,快速把產品賣掉,大量增加現金流;第二種是透過持續累積各種有形及無形資產,例如開發專利技術或增加平台流量賺錢;第三種方式是透過塑造企業前景的想像力,吸引投資方把錢投進來,靠的是股權融資和股價賺錢。

第三種方式是大家比較不熟悉,但在大陸新創圈卻是非常成熟且盛行的盈利方法,許多估值極高的公司,都不是透過銷售賺錢,例如在中國爆紅的「瑞幸咖啡(Luckin Coffee)」,2018年1月才開始試營運,才花17個月就已展店了2370家的擴張速度爆紅,成立第一年甚至簽下湯唯、張震和劉昊然,花了10億人民幣打廣告建立自己的品牌,想擊敗每年成長率18%,已擁有3700家門市的中國星巴克,創造屬於中國人的咖啡帝國。

企業獲利的三種常見方式

利潤種類	利潤來源	獲得利潤
經營利潤	透過銷售商品或服務獲利	小
資產利潤	透過銷售技術或品牌獲利	中
資本利潤	透過銷售股權或企業獲利	大

不管他們的咖啡好不好喝？首杯免費再送5折券的補貼策略如何造成資金狂賠，甚至傳言瑞幸用高於星巴克一倍的租金價格搶佔各繁華地段的商業空間，2018年淨虧損就已達16億，卻仍在2019在美國納斯達克IPO掛牌敲鐘，市值高達42.5億美金。試想一下42.5億美金如果只靠2370家門市，每家一年要賣掉多少杯的咖啡才能賺的到？而瑞幸現在只要賣掉手中1%的股份，就能換得四千兩百多萬美金，開店、賣咖啡並不是他們的盈利模式，透過快速的佔滿所有精華商圈，大手筆的砸廣告來創造品牌話題性與知名度是真正的主軸，因為他們賣的不是咖啡這項商品，而是「中國的星巴克」這種具未來想像空間的品牌概念。如果星巴克在全球的企業估值大約在1000億美金左右，那麼中國的星巴克對資本來說，瑞幸的股權價格其實還有很大的增值空間，就算成為第二名也不會太差，資本當然願意冒險賭一把看看。

股權融資融智的前提

想要透過股權加速企業的發展，必須要有一個完整的股權機制，才能讓投資人感到安心，否則錢給你後能佔多少股份？將來經過多長時間會增值多少錢？又有哪些權利義務？到時想變現又該賣給誰？這就是所有投資者非常關心的問題。股權募資時一定要將「募」、「投」、「管」、「退」這四件事說明清楚，你的股權才會吸引內部或外部投資。

❶ 募資：募資的條件管理。本輪會針對哪些對象進行募資？募資的金額是多少？拿到錢會用來做什麼？例如本次公司總共釋出10%股份，針對公司內部工作滿一年以上主管。年資每滿一年最高可認購公司1%的股份，但會以市場行情8折優惠賣出，額滿為止，將會把這筆錢作為公司增資用途。

❷ 投資：股權財務管理。本次共發行多少股？每股現值多少？預測經過多少時間進行下一輪融資，股價每輪會成長到多少？例如本輪天使輪將出讓10%股份，共募資100萬台幣，預估三年後在美國納斯達克掛牌IPO，到時10%股權會稀釋到只剩1.33%，但到時1%相當於100萬美金。

❸ 管理：股權的權利管理。一般來說營運能力好、財務透明的公司，股權的價格就會相對越高。公司在面對重大經營決策時，定期召開董事會進行說明及表決是必須的。記得以股權作為激勵一般員工，最好以合約限制在每年股東會上才能行使股東權益（表決及分紅），免得成天沒事就往財務部查帳；跟其他同事相處時，也老是以股東身份自居，造成公司管理困難。特別提醒，擁有期權的持有人在約定時間期滿前，是不具有股權資格的。

❹ 退出：股權的退出機制管理。這是所有投資者最關心的，也就是股權持有者的變現機制。上市公司只要到證券公司賣掉股份就可以了，但未上市公司股份想要

變現時，可以依據當時的估值及想變現的股份比例賣回給公司，或是經公司同意後轉賣給其他人，例如公司、老闆、同事、親友、第三方企業等。建議公司在賣出股權時，在轉讓契約書上最好加上「賣出對象需經公司同意」的但書，因為怕持有人未來將股份賣給競爭對手公司，造成以後經營管理及機密外洩的隱憂。一般退出時機，會是在公司獲得新一輪融資或是進行併購時，股權價值提高就可獲利了結。

股權激勵

讓員工成為公司老闆
擁有經營者的心態
因為只有老闆會為公司賣命

如果問自己一個問題：火車跟高鐵誰比較快？我想大部分的企業家一定會說當然是高鐵。高鐵為什麼比火車快？前面章節已經提過，原因是火車採用的是動力集中式設計，只有火車頭擁有動力，老闆就像那台火車頭，得不停的幫自己添加柴火，一旦累了想休息或車頭引擎發生了故障，整串列車都會被後面車箱拖慢了速度，接著開不了多遠就得被迫停止前進了。高鐵採用的方式是動力分散式設計，每台車廂都擁有自己的動力馬達，就算車頭停止運轉，後方的車廂仍會源源不絕的提供動力，幫車頭往前推送出去，車頭只要控制好速度和方向，自然效能是火車的好幾倍。

這跟企業又有什麼關係呢？大部分的傳統新創企業，老闆總是最早來最晚走的那個，不但不支薪，每天到了半夜睡不著還在思考明年的生意、後天的票期，為了新生意總是傷透腦筋。公司請了幾十位員工，但是下班時間

還沒到，員工就已經準備收拾包包準備兼差幫熊貓跑外送，公司這麼大願意打拼的還是只有老闆自己。員工看到颱風來就覺得賺到一天假，新創老闆卻擔心這個月賺錢的時間又少一天，付房租的時間又短了一天。當你希望增加新生意，員工看到的卻是增加他們的工作量，彼此矛盾又對立的僱傭關係就是傳統火車的翻版。

讓員工當老闆，因為只有老闆能解決老闆的問題

企業僱傭時代已經結束，合夥人時代來臨，合夥人的問題不一定是資金，更可能是理念、格局和專業能力，更多企業的痛點是人才進不來，進來後又留不住。每次遇到好人才，因為公司規模還小，沒辦法提出相對優渥的薪資條件吸引人才並長期留住人才。因此想讓公司快速強大，最好的方法就是透過股權激勵，讓重要員工都擁有經營者的心態，願意長期留下來與你並肩作戰，因為只有老闆能解決老闆的問題。

股權激勵的定義

所謂的股權激勵，是透過釋放公司股權對員工進行長期激勵的一種方法，運作的概念是先計算公司的估值，計算出百分比的單位價格，將一部份公司股權以「低於市場行情的優惠價格」直接「賣給重要員工」，由於是低價買進股權，直接賣掉都能賺到差價，通常對公司擁

有向心力的骨幹都會願意，當大家經過兩三年來的努力經營，公司的營收增加了估值也就相對變高了，員工當年持有的股權就更加增值了，此時他可以決定賣回一部分股份變成現金或是選擇繼續持有，不論如何都能幫企業激勵和留住核心人才，也能藉此持續的提高工作效能，創造更高的營收利潤。

這裡有一個核心關鍵就是公司的股權必須「賣」給員工，因為公司法規定股權不能隨意轉讓贈與，這有兩個好處，第一是員工買了股權等於是把錢押在公司，錢在哪裡員工的心就在哪，把員工跟公司產生一個「拉力」的作用，對公司來說也等於做了一次小型募資，既得了錢財又得了人才；第二是產生業績成長的「推力」，員工想要趕快把錢放大變現，肯定會努力讓公司賺到更多的錢，提高股權的價值，每個人都像拼命三郎，公司自然會變成一台每節車廂都具高速動力的高鐵。

新創企業最大的資產是人，最大的問題也是人，你如果問每位員工他認真工作最想得到的是什麼？他一定會回答你錢多事少離家近。升官和發財之後，再下一步就是自己也開一家當

企業實施股權激勵與傳統僱傭關係之心態區別

項目	股權激勵時代	傳統僱傭時代
效率	員工自動自發的幫公司運轉企業	老闆面前裝個樣，人在心不在
利潤	變利益共同體，讓盈虧綁在一起	我領死薪水，成本利潤跟我無關
人才	吸引人才，留住人才	薪水高我就來，別人高我就去
業績	激勵業績，讓上下目標達成一致	找制度插空隙，賺到獎金就不衝業績

老闆，成為最了解你公司營業秘密的頭痛競爭對手。每個人都想當老闆，但老闆只有一位，不可能每個都是老闆，那誰來執行工作呢？新創公司的獲利不足以支付高薪，公司名氣和裝潢也沒人家厲害，又如何吸引人才前來呢？透過股權讓人才變成合夥人是一個最好的辦法。

我們來看2019年名列全球品牌500強第二名Apple蘋果電腦的案例，時光回到1976年賈伯斯成功說服沃茲與羅韋恩共創公司，後來又陸續邀請更多身懷絕技的夥伴成為合夥人，30年時間過去了，雖然賈伯斯已經不在人世，蘋果仍然靠著九位合夥人不斷佔據市場、保持領先地位，2019年更是超越了Google，成為全球最有價值的品牌。

另一個手機品牌小米，2015年的營業額接近4000億台幣，小米的創辦人雷軍在創辦小米之前，用了很多時間去打造小米的合夥人團隊，最後小米靠著非常出名的5位海龜（海外留學歸國）及3位土鱉（大陸本地畢業）創造了今天的小米帝國。

這兩家全球知名的手機公司，能有今天的強大，最重要的關鍵就是都擁有像三國時代劉備、關羽、張飛理念相同的一起打天下。有句話說一個人走得快，一群人走得遠，只要創辦人懂得善用股權，把公司重要幹部綁成一個生命共同體，他們就能成為你的分身，在你睡覺時幫你加班，在你缺乏生意時，天天幫你尋找商機。

股權激勵的對象

股權激勵的目的就是要把能幫你的人變成你的合夥人，透過有條件的轉讓公司股權，激勵他們擁有「部分股東權益」，使員工與企業結合成利益共同體，進而實現企業的長期發展目標。

股權激勵的對象和方式

對象	相關職務	激勵方式
核心	核心管理層	股權、期權
老臣	資深部門主管	期權、分紅
功臣	銷售、研發	分紅、期股
骨幹	小主管	分紅＋福利
種子	一般員工	福利

新創公司的股權設計比例

一般合夥創業，都是兩個好友或是夫妻一起共同經營，因此股權分配最常見的就是一人一半50:50。這是最差的股權分配設計，一旦經營理念發生衝突，兩人的股份相當，誰都不肯妥協的情形下，最後公司很容易分裂收場。比較理想的持股比例分配是雙方起碼要是51:49，讓創辦人擁有經營主導權。但這樣近乎平權的比例仍不是最好的股權分配，以下有幾個非常關鍵的股權比例方式是大家必須熟知的。

持股權利說明

持股	權利	權利說明
1%	發起訴訟權	雖然沒有實質控制權，但經營團隊如果傷害自己的權益，該股東可以針對董事會發起訴訟
10%	提議解散公司權	表決權上沒有控制力，但可以召開臨時股東會和董事會，提議解散公司，聯合決策層一起針對問題進行討論
33.3%	一票否決權	持有1/3股份。對於重大事項具有一票否決的權力，可以防止公司形成一言堂，變成大股東說了算的局面
51%	相對控股	持有1/2股份，可以相對控股的股東，對於需要股東會決議的重要事項，例如任命董事、對外投資、擔保等，都可以進行足夠的掌控
66.7%	絕對控股	持有2/3股份，形成絕對控股股東。基本上擁有公司絕對的決策權，需要股東會決議的重大事項，修改章程、增資減資、公司解散等等，只要擁有2/3的股東投票就可以進行決定，如果2/3股份都是同一人，基本上就是他說了算。

以上是常見的股權分配方式，股權的多寡會直接影響你對公司的掌控力，擁有控制權的股東不僅會影響公司的經營和發展，還會影響到公司的資本結構、融資和投資、利益分配等等。不過也有些例外，例如馬雲曾將自己持有的大部分股份都分配給了阿里巴巴員工，自己卻只佔7%，但馬雲在分配股權時也立了一個條款，接受股權的人必須將投票權交由馬雲來代持，等於員工只擁有分紅權，當董事會投票時馬雲仍能透過代持員工的股權，在董事會對公司經營決策進行最大的控制權。

企業發展階段的股權配置

公司成立	創始團隊100%，要有持股50%以上的大股東。
初創期	團隊70%以上，大股東持股1/3以上，拿出30%以下來引入天使投資或者風險投資，同時最好預留15%的期權池（創始人代持）。
成長期	這時候創始團隊要保持50%以上的股權，拿出20%以下給新進入的VC或者PE，期權池可以適當擴大到20%。
成熟期	這時候企業可以準備上市了，創始團隊要確保IPO之後擁有34%以上的股權，這時候可以拿出10%以下引入IPO前的投資方，部分期權也可以到兌現期了。

　　創業初期的企業家一定要珍惜自己擁有的股權。初創時企業經營的風險高，股權並無太大價值，這時拿股權抵薪水送給員工都不一定接受，因為公司賠錢時股東也必須出錢增資。當企業估值高的時候每出讓1%股權，能換得的資源將非常龐大，甚至決定企業成長的速度，必須謹慎對待想用股權吸引什麼樣的資源進來。現在一家新創公司從設立到上市，經過幾輪以上融資，擁有幾十間創投當股東是很正常的，根據企業發展階段，可以分為下列四個階段。

股權激勵的七種工具

　　馬雲說：「給員工吃草，就會養出一群羊；給員工吃肉，才能養出一群狼。」不管是何種規模的企業，當老闆的都要儘速複製出一群跟你一樣關心公司的人，而股權激勵就是要把員工跟公司的長期發展綁成利益共同

體，讓公司的未來成為他們的未來，透過股權讓他們有機會成為合夥人。

　　以前上班才有薪水，現在不只有薪水還有分紅，以後就算不能上班，公司的股權變得值錢了，賣掉股份還能環遊世界好幾年。但是獎勵不能濫給，必須和他們的貢獻產生對應才有效果，如果貢獻高的跟低的都得到一樣的獎勵，那麼激勵就會變成災難，反而讓更多人心裡不痛快，最後反應在工作上。

　　股權必須成為員工心中最有價值的獎勵，吸引所有的人不斷往上爬，因此激勵就要分成不同的層級，針對不同的人用不同的方式激勵他們。激勵方式共有七種，針

七種激勵工具的特性

持股	分紅	增值	決策	退出	內容
股權(實股)	●	●	●	複雜	擁有股權即享有一切股東之權利
期權	●	●	○	複雜	約定期滿後才能取得股權，適合留住人才
股票	●	●	-	簡單	擁有股票就能進行買賣交易
期股	●	○	-	簡單	約定期滿後才能取得股票，適合留住人才
乾股(虛股)	●	-	-	簡單	固定分紅，激勵特定利益相關人
獎金	●	-	-	簡單	不固定分紅，激勵員工提高績效
福利	-	-	-	簡單	所有員工都有

對公司不可失去的核心幹部，我們可以透過「股權」認購的方式，讓他們立即成為你的合夥人；針對具有潛力並且怕他們離開的人給予「期權」，激勵他們在公司服務一段時間並達到一定貢獻後才能將期權轉成股權。期權是一種約定期間的給予獎勵的工具；至於「股票」和「期股」就是給中階主管，慰勞他們的辛勞；乾股給的是具有利益關係，又不適合放進股東群裡影響公司營運的外部人士，例如顧問或外部董事；獎金適合的是刺激背負績效的單位，例如業務；福利是人人有獎，針對公司所有共同努力付出的人，創造溫暖的幸福感。妥善使用就能讓企業自帶動力。

很多公司遇到最大的經營問題，都是因為員工不認為你的生意跟他有關；你的顧客也不認為你的生意跟他有關。如果能善用股權激勵，那麼你在睡覺的時候，就有一群人不睡覺的幫你的公司創造獲利。

員工激勵案例：期權＋股權，挖人才留住心

很多企業主都捨不得把公司的股權分給員工，但股權一定要記得，你分給員工的不是過去經營存下來的錢而是未來賺的錢。例如現在公司一年賺一百萬你擁有100％股份，跟實施員工激勵後一年賺1000萬，你卻只有60％實質意義一點也不同。之前提過只要持有66.7％股權就擁有絕對控制權，因此額外的33.3％都可以釋放出來，拿20％對外募資，再拿10％出來作為員工激勵並不會影

響到你對公司的實權，但卻對未來發展有極大幫助。好比有一個業界大咖，他在原來公司的薪水很高，你可以對他提出一項「半薪＋期權」的人才方案，你先給他原公司一半的薪水確保他來這上班不會餓死，然後用沒給的另一半薪水買下你公司的股權作為「2年期權」，所謂期權就是只要他在你這服務滿2年，做出一定成績並且沒有重大失職，期滿後他手上的期權就會變成真實股權，成為公司正式股東。如果這兩年公司因為他的努力而發展快速，屆時他手上的股權已經增值一倍以上（許多新創是增值數百倍），他可以先賣回一半股權給公司，把這兩年少收的薪水拿回來，但手上握有的另一半股權，只要公司沒倒就可以持續盈餘分潤，甚至在公司上市後賣出持股獲得龐大資金，創造驚人被動收入提前退休。

雖然薪資短期減少，但隨公司股權增值獲利是薪資數百倍：

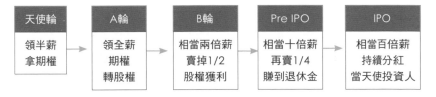

天使輪	A輪	B輪	Pre IPO	IPO
領半薪 拿期權	領全薪 期權 轉股權	相當兩倍薪 賣掉1/2 股權獲利	相當十倍薪 再賣1/4 賺到退休金	相當百倍薪 持續分紅 當天使投資人

顧客實施股權激勵感受差別：

企業	條件	名目	優惠憑證	自己消費	推薦朋友消費回饋	推薦朋友消費回饋
A醫美	滿額	儲值	VIP卡	打8折	打9折，10%抽佣	拉下線
B醫美	滿額	投資	董事名片	股東價8折	打9折，10%分紅返利	分享親友

顧客激勵案例：閉鎖型企業＋特別股，
激勵顧客成為不斷消費的股東

很多店家都會推出消費送VIP卡之類的激勵顧客方案，例如買滿多少錢可打幾折，或是老顧客介紹新顧客來店，新顧客的消費可回饋積分給老顧客，這聽起來很普通，但如果換成股權激勵的方法，感覺就會大大提升。以醫美為例，如果設立公司時先設定成閉鎖型企業並增加特別股，新增股東人數將可大幅提高，並且不會影響原始股東的經營權。然後告訴已經消費了一定金額的老顧客（消費滿額），現在只要投資100萬就可以享受100萬的醫美優惠（儲值消費），我們印了董事名片給你（VIP卡），以後只要董事來店消費，每筆我們都會回饋20%作為乾股給你（打八折），如果董事介紹朋友來，我們將會幫他打九折，並且再回饋10%乾股（推薦獎勵 ＋ 股東分紅）給你。一樣的會員活動，一個叫消費紅利，一個叫股東分紅，骨子裡其實是一樣的，本來就要在醫美消費一百萬的，現在花了一百萬消費還能當股東，相信已經消費了一年以上的貴婦熟客拿到這張董事名片後，一定從此不去別店，並到處跟閨蜜炫耀她是醫美的股東，只要拿她的名片就能打折（股東特權），而她們得到的紅利都不是以現金來給付，而是轉成可扣抵消費的額度，激勵她們不斷來店消費，她們就會成為你公司的最佳公關業務與忠誠顧客，做到顧客股權激勵的目的。

以出資比例決定股權佔比的缺點

過去我們最習慣的股權比例分配方法，就是依照公司的出資比例計算。一百萬資本額的公司一人出50萬，兩人持股比例就是50：50。這個方式有一個很大的缺點，就是錢多的佔股多，所以不見得公平，為什麼呢？

舉一個實際例子，某汽車改裝廠的師傅技術很厲害，很多開跑車的顧客常慕名而來，有天客人來維修時問他為何不開一間自己的改裝廠？師傅表示他沒有什麼存款創業，於是顧客決定出資幫他圓夢，師傅好不容易擠出了10萬佔了10%股份，顧客出資佔了90%股份，總資本額100萬。結果第一年生意很好，每天顧客絡繹不絕，但是第二年後生意還是很好但獲利越來越差，最後公司越做越賠，大股東增資了兩次不願再繼續增資了，於是留下10%股份連同債權，都用極低的價格賣給那位師傅。最後師傅成為了維修廠最大的股東，沒想到的是營收居然立即轉虧為盈，這讓原來的大股東非常氣憤，卻摸不清原因。

其實最大的重點在於以出資比例來分配股權是非常違反人性的，因為師傅每天工作到半夜，天天為了生意努力尋找更多辦法，但過了一年後師傅發現，公司賺的錢90%都是別人的，公司剛成立時買的每一樣設備，別人都幫你出了九成錢，剛開始很開心，但後來發現賺的錢別人也拿走了九成。更可怕的是只要公司還在，一年年都得這麼分下去，那他出不出來創業又有什麼差別，反

而要做事更多了。因此服務開始變差了，成本控管開始混亂了，師傅找來了更多高薪師傅來上班讓自己也能像你大股東一樣輕鬆。

股權比例要跟貢獻比例成正比

如果有錢就能開好一間公司，那有錢人就不用一直研究投資了，他們拿錢開一堆公司就好。一間公司能不能經營起來跟有沒有錢不一定有絕對關係，專業能力跟營運能力更重要。用出資比例、同股同權來組成的公司，很容易因為團隊核心所持股份太少，導致失去獲利動能。因為公司剛成立時，你用90萬就把公司90%股份賣給別人，但是當經營兩、三年後公司生意越來越好，90萬可能頂多是一個月的利潤卻要分紅90%給別人一輩子，你還會想把手上的股權賤賣出去嗎？ 90萬放定存一年頂多9000元，可是用90萬投資一間公司每天賺的都不止9000元，況且還能賺一輩子，天下哪有這麼好康的事情？所以越來越多的新創團隊，在初創種子期時用資本額分配團隊股份，這些合夥人的特徵就是出錢又出力，但是只出錢不出力的就是外部投資人，理當多出一點錢卻拿少一點的股份，因為他們是團隊核心以外的投資者，稱為外部投資人，合理的佔股不該超過企業初期的30%，但出的錢卻可能要超過70%，即便出的錢多佔的股少，但只要新創公司順利成長，投資者獲得的投資報酬還是相當豐碩的。

資本擴張

讓有錢者出錢
有能力者出力
先有錢再賺錢

諾貝爾經濟學獎得主、美國經濟學家喬治‧史蒂格樂曾說：「縱觀世界上著名的大品牌、大集團，幾乎都是在某種程度上通過收購兼併等資本運作而發展起來的，也幾乎沒有哪一家是完全通過內部積累而站上全球舞台的。」所謂的資本擴張，就是藉由賣掉自己公司的股權，取得重要的關鍵資源，打開市場、創造銷售、加速成長，甚至投資併購上下游或對手的公司，幫你快速將公司的價值提升數十倍、數百倍。懂產品你賺的是工錢，懂資本你賺的是公司的價值。

新創企業為何要靠賣股權賺錢？

判斷高速成長型的企業價值看利潤並不客觀，因為如果市場機會真的夠大，賺到的每一分錢應全部再投入用來搶佔市場、建品牌、挖人才，所以前期不一定能看見獲

利，台灣的星巴克與7- ELEVEN都是經過連續虧損了數年才有了今日的行業龍頭地位。但反觀許多新創公司的募資簡報上因為大量的塞入了許多「大數據」、「AI」、「區塊鏈」等酷炫的專業術語，即便只是賣一杯咖啡，都顯得高大上了許多，但事實上多半是無產品、無利潤、更無前景的三無公司，能活下來的原因靠的就是創投給的資金；可是如果你的商業計畫真的很好，資本給你的幫助就像身懷蓋世武功還得了倚天屠龍，效果是非常直接的。

我們從瑞幸咖啡的案例來看，台灣跟大陸新創公司的經營思維有何不同？首先瑞幸先向資本市場融資了一大筆錢才開始出來做生意，因此瞬間開了2370間店，每一間都像是一個戶外廣告，都能幫你創造生意並宣揚品牌價值，並且嚇阻對手在你附近開新店，再來2370間的原物料的進貨成本一定比較低，每間門市每月各提撥一萬人民幣作為行銷基金，一個月就有2370萬人民幣預算打廣告，一年下來品牌知名度就讓對手難以超越了。

反觀台灣的咖啡、茶飲等小店創業生態，是自己存一點再跟親友借一點，有錢了才開始創業。創業前既沒想過商業模式，也沒思考過品牌該如何發展。過了一年看營收穩定了再開第二家，到了第三家後發現每間的平均獲利有限競爭又激烈，才開始效法其它競爭者準備開放加盟，期待靠賺點加盟金來彌補獲利不足。由於先期沒做品牌投資，加盟商也不是傻子，在加盟展看到那麼多品牌都在招商，一樣要付加盟金當然選擇知名度高的品

牌來加盟，最後在一陣小打小鬧之後就結束了這場創業夢。

　　那麼新創為何要融資？就是因為看到了潛在商機，並且策劃了一套完美的商業模式計畫，而手邊的錢卻不夠發展這個計畫，於是有錢出錢有能力出力，透過出讓公司股權引入資金來實現這項計畫。從成功創業的角度來看，資本加速了你的成長曲線，從失敗的角度看，賠掉的並不全是你口袋裡的錢，你還是有機會再想一個新計劃，透過募資東山再起，成為一個連續創業家。不過這邊要特別提醒新創朋友，唯獨台灣的公司法規定，在股票上市前不能針對非特定人士進行募資，意思是你可以公開對群眾說明你的商業計劃，但不能對一群不認識的群眾進行募資，以免觸法。

企業營運資金取得差異

資金來源	資金計算方法
合夥出資	以出資額計算，用現在口袋裡的錢當籌碼
股權融資	以企業估值計算，用未來口袋裡的錢當籌碼

創業前請先找好能投資自己的對象

　　通常剛成立的小公司需要的啟動資金，都是自己工作存下來的錢加上親朋好友借來的錢，但隨著公司發展大了之後，就可能會開始跟更多商業上的朋友跟銀行進行融資借款。創業圈流行一句笑話，卻也是很多

創業者籌措開辦資金的真實寫照：「3F才是創業第一桶金」。這裡所謂的「3F」可不是3樓的意思，而是3個F：「Friends朋友」、「Family親友」、「Fools傻子」。因為創業時不但連公司都還沒設立，沒本錢、沒設備、沒員工、沒生意、沒經驗、沒方向……，在什麼都沒有的情況下還願意借你錢的，通常不是親戚、朋友，大概就剩下傻子了，所以在一定要先想清楚再創業。

融資管道性質與區別

管道	性質與區別	資金量
親人	協助性質。只希望你成功，但礙於年紀與專業能力，通常只能出錢無法出力，來源通常是父母與配偶，投資的不是你的事業，是對你的愛，基本上是名義上的股東，不求實質上的回報。	少
朋友	合夥性質。通常都是同學或同事，決定一起出錢出力成為創業合夥人，會陪你一起打拼事業，投資的是彼此人生的機會。但缺點是，最後理念不合分道揚鑣的很多，原因是大家的背景年紀相同，專業能力與歷練相當，股份常常是50:50，一旦對經營有了不同意見，往往就是僵持不下，導致公司分裂，因此與朋友合資，股份比例一定要注意，才不會創業失敗連朋友都沒得做。	少
錢莊	借貸性質。比較合法的就是當舖的票貼、二胎、汽機車抵押借款；其它的像是地下錢莊，他們的做法是要你開本票，借一百萬先扣十萬，時間到必須還一百萬，還不出錢就利上加利，跟掉進流沙一樣，不可能再翻身，要你還錢的方法也常鬧出人命；但可悲的是，他們是唯一會在你最慘時還肯出手給錢的。	少～中

管道	性質與區別	資金量
政府	協助性質。政府有許多政策計畫性的輔導新創,比如青創貸款、國發基金、SBIR、鳳凰計畫……,有些借了要還有些借了不用還,只是僧多粥少,通常要上政府網站了解詳情,也有許多代辦申請的機構,能幫你寫計畫,拿到後拆分。	不一定
銀行	借貸性質。在乎你的還款能力,所以重視你有沒有足夠的抵押品擔保跟良好的銀行往來信用,所以千萬別刷卡不還,或還最低應繳金額,否則銀行聯徵紀錄會看得出你缺錢,怕你到時還不出錢,一毛錢都不敢借你。基本上銀行賺的是利息錢,不在乎你公司做什麼行業,有沒有未來,能還錢就好。	中
擔保	投資性質。創業投資公司又稱風險投資公司(VentureCapital),他們最關心你公司未來能不能做大,他們會在股價低時投資你公司,等你變大就會賣掉手上股份賺錢。投資你後也會安排對接各種資源,例如其它創投的資金、商機……,盡可能協助你的企業成長。	大
創投	但他們也背負了投資人給予的KPI,要是發現你的企業幾年內無法上市,他們也可能提前賣掉手中的持股,甚至倒閉時會要求優先清償他們投資的錢。昨天還對你好,明天翻臉像翻書一樣快,所以創投是把雙面刀。強壯時幫你錦上添花,但也可能隨時恩斷義絕,讓企業雪上加霜。	大
私募基金	投資性質。私募股權投資基金(Private Equity,PE)主要的投資對象都是已經具有一定規模,擁有穩定現金流的成熟企業。這樣的公司投資失敗的風險很小,需要的資金量很大。通常企業拿錢的目的都是為了募資去投資併購上下游公司或是準備進行IPO上市。	大

但發展越大需要的資金就越多，這時候可能就不是找個人來融資，而是找專門投資企業的機構來募資，這種公司就叫做創業投資公司（創投），或風險投資公司（風投），再來就是私募基金，每個階段籌資的方法是不太一樣的。

除了上面談到的3F，這邊也跟大家分享幾個戰略性合作的融資方向，目的是除了資金的取得，也透過合作關係把彼此變成一個利益共同體，讓「關係親上加親」供大家參考。

上游：供應商

通常供應商是你可以好好思考的對象。當你公司成立之後，你可能會成為他的客戶，如果你願意出讓一部分股份給他，雙方都將得到許多好處。例如你可以大幅降低進貨成本，甚至在產品售出前都放在對方的倉庫降低自己的倉儲成本；而對方因為投資了你，最好的貨一定優先交給你賣，甚至連訂金都不用給就可以先銷貨再付款。雖然他把貨低價賣給你，但仍然能透過你的公司的盈利分潤賺回來。

下游：代理商、客戶

代理商或經銷商的痛點是當他把你的產品賣好了，你突然決定不賣他了，一旦停止供貨，他花了多年心血打下的江山，等於全部成為泡影，前功盡棄；而買方與賣方的關係總是立場相對的，賣方總想把價錢提高、成本降

低，很少真心為買方設想的。因此客戶如果投資了你，對客戶來說你們就從買賣關係變成了事業夥伴，你賣給他們的雖然不一定能低過成本，但你絕不會像別人一樣欺騙他們。如果他們要進貨，幹嘛不跟自己投資的公司進貨呢？所以讓客戶投資你是有很大機會說服他們的。

平行：同業、互補行業

其實很多同業老闆會彼此交叉持股，例如兩個全球最大的廣告集團奧美跟智威湯遜，都是美國WPP所投資的兄弟公司，因為全世界的生意不可能全讓一家給做了，開兩間公司就有機會同時服務兩個彼此競爭的客戶，例如BMW跟BENZ絕不會找同一間公司服務他們，以免行銷機密落入對手手上。就算是同一個產業，也可以藉由投資延伸市場，例如一個專做男性市場，另一個專做女性市場，或是一個專做高端另一個專做平價市場，藉由投資另一間同產業不同客戶群體的公司，把生意做大。

另一種則是互補行業，例如油漆跟壁紙是兩種完全不同的選擇，很少人貼了壁紙再刷油漆的，或像杜蕾斯保險套併購了嬰兒奶粉公司美強生，不管你生或是不生，錢都進了他的口袋。創業前不妨試著找找完全不同的產業，也有機會說服他們對你進行投資。

內部：員工

當你決定要創業時，你最需要的就是願意一起並肩作戰的夥伴。對員工來說他既然願意來你公司上班，就代表他對你的產業與前景具備一定的信心。當年馬雲在成立公

司初期，就是把他身邊所有的員工全找來他家，憑藉著三寸不爛之舌，滔滔不絕的灌輸員工公司能創造多　美麗的願景，結果員工不但願意每個月只拿剛好足夠吃飯的薪水，甚至把多年存下來的錢全部都投資給了公司。這件事對阿里巴巴的影響是立即擁有了一筆創業啟動資金；同時更擁有了一批打從心裡希望公司茁壯的骨幹，因為他們的錢都在你身上絕不可能看著公司失敗，他們比這世界上的任何人都想要你成功。雖然當時他們只籌資了50萬人民幣，但最後每個人都獲得了數十萬倍的回報，所以讓員工成為你的合夥人，不只收錢也收心！

外部：創投與私募基金

台灣的創投生態大約是在1980年代，參考美國的創投制度引入台灣的。過去台灣的主流產業就是以低廉的人力幫全球品牌做代工，隨著世界經濟趨勢發展，個人電腦越來越普及代工需求也越來越高。雖然高科技代工的利潤高，但是工廠設備需要的資金相對也高，因此政府開始針對科技產業提供大筆資金，吸引企業家及創投回台創業，最有名且成功的案例就是聯電、台積電。這些資金有一部分是政府的產業政策補助金，另一部分就是靠民間的創投基金，透過投資優惠誘因，讓未上市企業的資金與股權結構透明化，吸引創投將資金注入企業增加發展速度，當時政府針對創投的投資優惠只適用於政府想扶植的高科技產業，並且限定只能投資未上市、上櫃的新創公司，因此在企業股票上市前，創投就是新創公司最佳的募資管道。

評估新創公司估值的幾個常用方法

如果你看過一些像《合伙中國人》之類的創業募資節目，一定會常看到新創公司的創辦人說對著台下的天使投資人說：「我要出讓20％股份，融資1000萬。」，然後用五分鐘說完他的商業模式就帶走了1000萬，那麼這間公司的估值大約是多少呢？1000萬／20％＝5000萬

這間新創公司的預估價值應該是5000萬，當然現實生活中要拿到那麼多錢肯定不是那麼容易的。

通常新創公司在募資前會先說明自己企業的價值，我們會常聽到兩個詞，一個叫「市值」，一個叫「估值」。所謂的市值（Market Cap）就是上市公司發行的所有股票乘上價格，加在一起的總值，例如2019全球上市公司市值排行的前三名，分別是微軟10,456億美元、亞馬遜9,789億美元、蘋果9,259億美元。什麼叫做估值(Valuation)呢？就是預估企業的價值，因為新創企業大多還沒開始穩定獲利，也沒有固定資產可以評估，更不可能上市發行股票，但是現值不高的公司未必未來就不高，很多非常成功的創業公司都是本業持續賠錢，但上市前估值就已經超過十億美金的新創「獨角獸」，例如Uber、Air bnb等。 如果雙方討論後都同意這個預估的企業價值，會再以這個價值為基準去計算出相對的股權比例與投資價格。市場上常用的估值計算方式起碼超過20種，我們先了解比較簡單且重要的3種算法。

收入100億的一家公司，淨利率1%的話，則淨利潤為1億。收入5億的公司，如果要達到1億淨利潤，淨利率需要達到20%，顯然後者是很難達到。

本益比法（P/E Ratio）

最常見的估值方法，用新創公司預估的獲利能力做估值。通常以新創年利潤的10倍收購股權，所以又叫10倍P/E法。例如公司今年賺了100萬，乘上10倍市盈率（P/E），那麼估值就是1000萬（估值＝淨利潤X10倍市盈率）。所以只要能衝高淨利潤就能創造高估值，例如擁有1間店跟擁有100間店，估值就會完全不同，而且不同產業的市盈率也是不同的。有些科技新創甚至P/E不是乘上10倍，而是30倍、40倍。但是對於一個普遍沒有獲利能力的新創公司來說，提出預估獲利根本是一個不可能的事，因此這個方法對於新創來說有點難度。

淨現值法NPV（Net Present Value）

用一間公司「現有固定資產」加上「未來產生的現金流」作為價值評估，這個方法對於新創公司有點困難，因為沒有什麼固定資產、品牌商譽可言。未來獲利的評估難度更高，因為這幾年許多估值超過十億美金的新創獨角獸，估值雖高但獲利能力還是持續低迷，根本無法推估到底還要等多久才能開始轉虧為盈，所以創投已開始減少投資那些估值高卻無法創造淨利潤的新創公司了。

市場比較法

　　所謂的市場比較法，是針對市場上性質相近的新創公司的估值作為參考。創業公司估值沒有一定的計算標準，所以如果有個新創公司的平台會員數跟你相似，他曾在其它公信媒體上報導過它的估值是三千萬，那你的估值就可宣稱也接近三千萬。這就是用同行的價值反推我們的價值，估值是同行利潤的多少倍？同行的資產幾倍？同行的用戶數幾倍？把這些相加後得出的市場數值。通常比較的參考項目會是產業的類型、市場的大小、營運的規模以及成長的速度。關鍵在如何界定同行，誰是你的同行？你定義的同行不同，能拿到的資金也差異很大。

總結常用的估值方法

估值方法	估值概念
本益比法	利潤 x 10倍本益比（依據產業10倍~50倍）
淨現值法	現有固定資產 + 未來10年的營業收益
市場比較法	用同行的價值反推自己的價值

　　舉例PC home曾與蝦皮購物爭奪市場時，被蝦皮不收貨運費的龐大資金補貼攻勢打趴，導致詹宏志想將PC home下市再以大東南亞電商平台概念重新上市，原因是對手蝦皮正是亞洲跨國電商，兩間公司的主營收項目一樣，但跨國電商的市場估值和募得資金量，是經營台灣單一市場的PC home無法比的。

從上面幾種估值方法來看，新創公司實際價值與估值其實產生的落差一定是很大的，例如網路社群平台像Facebook、YouTube在前期都不會向使用者收錢，所以會員稱為用戶而不叫消費者，而用戶人數沒大到具有影響力就不可能向品牌收取廣告費，既然沒有收費來源自然很難預估獲利。又例如線上美語教學跟幼稚園都是教育產業，獲利方式跟對象卻大大不同，拿美語教學來當幼稚園估值的參考，產業相近但估值卻能差異百倍。有間連鎖幼兒園用資產評估法他只有0.8億元，但用市場比較法評估卻值33億，原因是他的同行都是3歲教育機構，但他放進評估比較的都是像新東方那樣，規模很大的教育機構，所以估值從0.8億變成了33億。負責創投公司投資審查的單位叫投資會，投審會的委員並不一定了解每個產業，教育容易看出差異，可是像半導體這種科技產業，雖然AI加密芯片跟USB隨身碟都歸類為半導體業，但技術含量和商業模式差異太大，一個顧客是科技廠、一個是一般消費者，估值差異也很大，更別提拿Microsoft或Adobe來比較一個新的APP公司，投審會無法判斷差別時，估值就會產生很大的差異了。

在人性的角度上，新創想出更少的股份拿到更多的錢；而投資方想用更少的錢拿到更多的股份。雙方對於估值的認定是一件複雜的事，雙方攻防一定會花上很長的時間，有時談的過程就花了一年，畢竟估值對於新創來說是很重要的募資依據，必要的時候，還是自己找專業的會計師事務所進行評估比較理想。

創投對於不同融資用途可能的思考

新創融資用途	投資金額	投資意願	創投投資意願考量
發薪水付租金	融資500萬	低	獲利能力高的公司不需靠募資來養活公司；而獲利不佳的公司，生存下去也只是燒更多錢，只會增加更多負債。就算人才濟濟，當付不起員工薪水了，聘雇關係就沒了；繳不出房租了，裝潢設備也就跟著消失了。將投資金用在純管銷消耗上的風險很高，倒不如等新創公司開始賺錢了再來投資也不晚，這是很多創投不想投初創公司的原因。
研發技術	融資1000萬	中	技術必須不斷更新，沒開發完成就等於將資金丟進水裡，開發完成又必須不斷更新維護，資金運用與時間較無法掌控，尤其是專業門檻低或市場替代性高的技術（例如保健品、保養品）。當你研發完成時別人可能也有了類似的產品，無法壟斷市場，所以以技術研發為主的投資，具備高開發度、低取代性是投資關鍵。
建通路	融資2000萬	中	通路為王的時代，產品有什麼技術其實不重要，重要的是你如何賣掉產品，市面上許多產品並沒有關鍵技術，只要往百貨公司的架上一放，一樣能賣得嚇嚇叫。擁有通路就等於擁有賣掉產品的機會，就算這個產品不好賣，大不了換個產品，還是可以繼續在同一個通路賣。
建品牌	融資3000萬	中	品牌是無形的資產，有品牌的產品比較好銷售，就算通路少也會有人主動搜尋你的產品。創投寧可投資具有知名度的公司，因為價值好提高、日後好轉賣，甚至公司經營不善時，還可以把品牌與企業切開來單獨賣。
買品牌	融資6000萬	高	任何暢銷的商品都會吸引許多競爭者加入，當產品發展漸趨成熟，市場競爭走向白熱化，毛利率將降低到無利可圖的階段。藉由併購競爭者的品牌或投資相關產業的品牌，既可將另一個品牌的顧客變成自己的顧客，又可以拉開產品定位，同時滿足兩種不同的消費需求，對投資方來說是1+1>2投一間得兩間的機會。
買公司	融資1.2億	高	建一個品牌要十年，但建一個公司要更久，因為品牌只是個空殼，但公司的組成需要很多的組織、專業、客戶、信用……。藉由併購上下游可以降低成本，投資不同領域的公司，可以擴張企業版圖創造多元獲利的可能性。像P&G這樣的企業，一個公司就擁有上百個品牌，就算少量持股還是具有很大的效益。若透過上市公司併購未上市公司，不僅能創造投資利多題材，同時增加母公司與子公司的個別市值，創造多方面的投資價值。

在股權融資的過程中，還會經過「DD盡職調查（Due Diligence，簡稱DD）」。所謂的DD就是針對新創公司的真實估值所做的類似徵信調查，其實概念上把DD視為企業的「淨值調查」就更容易理解了。在DD調查完成前，雙方談的投資意向跟股權協議都有很大的機會是空談，因為DD完創投已經把你公司的所有財報、資產、團隊績效研究的仔細研究過，就像不穿衣服把自己攤在對方面前，所有隱藏的秘密將毫無遮掩，所以DD前雙方都得簽保密協議，不管過或不過都嚴禁創投將結果告訴第三方。

融資目的是募資成功的重要關鍵

新創企業剛起步，盈利能力不足，因此需要很多融資需求，當你想借錢的時候對方一定會先問你借錢想幹嘛？要借多少？其實向創投募資本質上就是借錢，只是創投借出來的錢是用你公司的股份當抵押，當你公司的股價高了，對方就賣掉手中的股份套利變現，因此創投一定會思考這筆錢給了你，你公司能不能因此坐大。所以如何使用這筆資金對於創投要不要投資你有很大的關係。

從上可知，資本市場其實缺的不是錢，缺的是你花錢的能力。不是你要的錢少別人就想一定投，反而只要你能妥善運用這筆資金，運用在事業成長的刀口上，把企業的價值倍增起來，自然會有金主願意投資你。

我曾舉辦過一場創業募資高峰會，在眾多新創公司中，一個極具創意的項目吸引了眾評審的目光。當我們進行盡職調查（DD）準備投資一筆錢給這間公司，我們例行的詢問創辦人決定如何運用這筆資金，對方回答：「公司目前管銷龐大，應先用來作為營運資金」。常理來說創辦人沒拿這筆錢去買車買房當然是個非常正確的回答，但產品已經上架但還沒開始獲利，此時如果沒有良好的行銷宣傳瞬間吸引大家關注，根本不會有人主動發現，並下載這個還不在APP Store排行榜內的新APP。通常以技術開發為核心的新創公司會認為，只要產品做得好自然會吸引很多用戶推薦形成自然擴散，但這樣的下載量產生的效益太慢，半年後錢都被消耗完了，不是山寨競品開始出現，就是資金用盡被迫暫停營運；但如果把資金拿來做行銷宣傳，說不定瞬間爆量下載，就能佔據排行榜前十名讓產品被更多人看見。就因為這個理由，創投的投審會最後決定先暫緩這項投資計畫，所以募資用途與對於新創募資成功與否影響頗大。

新創融資的不同階段與投資對象

　　從決定創業開始，如果營運能力及商業模式都沒有太大問題的話，通常事業會隨著時間規模越來越大，但是一個事業要快速茁壯需要的資金也會越來越大，例如創辦期你只需要幾百萬來做啟動資金，錢的用途大概就是花在開辦公司時的辦公室租金、裝潢、人事管銷、進貨鋪貨；

但到了IPO（Initial Public Offerings，首次公開發行）前你可能需要的是好幾億來購買土地、蓋廠房和引進機具設備，想靠企業賺來的利潤完成必要的戰略擴張，勢必會大幅拖慢企業搶佔市場的先機，等錢存夠了競爭者已經多到滿山滿谷了。因此透過出讓股權進行融資，已是普遍使用的方法，很多人會覺得賣股份賺錢的方式很怪，但所謂的股票上市，其實也是企業透過發行股票來募資的一種方法，只是新創公司在上市前無法公開交易股票，因此募資管道就非常有限。

很多創業家雖然不一定有募資經驗，但一定聽過什麼共創輪、種子輪、天使輪、A輪、B輪、IPO……等奇怪的名詞，基本上就是種子輪、天使輪、A輪、B輪、C輪、Pre IPO輪，由於企業在IPO上市公開發行前不能發行股票，因此只能經過一輪一輪的融資籌募資金，依據資金來源，也可以分成天使期（種子、天使）、VC期（A、B輪）、PE期（C輪、Pre IPO輪），所謂的ABC其實就是融了1、2、3輪資金的意思。

在公司初創的時候創業者會開始籌組啟動資金及團隊，這些在公司尚處於種子階段就加入的人，不外乎就是前面我們提到的「3F」意即家人（Family）、朋友（Friends）、傻子（Fools）等。當你找到幾個夥伴，討論出了簡單的商業模式，說不定連公司都還沒有成立，這時就決定投資你的人肯定是個可愛的天使，所以叫天使輪（有些人也會把種子期跟天使期統稱為天使輪），專門投資天使輪的大陸知名的天使投資人徐小平曾說，

在這個階段投資的原則就是「投資就是投人」，因為除了相信創辦人的人品，還真是沒有什麼可以相信的，因為創業過程團隊會變、產品也會變、商業模式也會變，但創辦人的人品不對投資鐵定白費。

到了公司成立之後，產品做出來了，大家也比較能評估這間公司是不是玩真的，未來能不能在激烈的市場競爭中活下來，這時創投（VC, Venture Capital）才會開始進行評估投資，這個時期大概就是A、B、C輪，到了D輪、E輪可能已經準備要進行IPO（上櫃）前的融資階段了，這時私募基金（PE, Private Equity）才會開始進場。所以創投又稱風投（風險投資公司），因一個企業即使到了A、B輪，要承擔的失敗風險也是很大的，而到了私募基金進場，通常只會投資較為穩健的企業，因為私募基金較不喜歡承擔風險，他們投資的對象大多是已經準備進行上市的公司。

有些公司融完一輪錢就IPO了，但也有些公司選擇遲遲不上市，寧可F、G、H……一輪輪的融下去，因為上市後就要接受市場、股市的全面檢驗。不上市但繼續用融資來續命也是一種經營方式，因為每經過一輪，股權的價格大約會增長2~5倍，不管是天使投資人或是VC、PE，他們獲利的方法就是等你下一輪融資時，就賣掉手上的股份獲利了結，當然獲利最可觀的就是天使輪投資你，等你美國納斯達克上市時再賣掉獲利最可觀，因為天使輪投資你的錢可能不多卻佔了20%以上的股份；但等到你上市時，他們擁有的股份雖然也會被稀釋，每股價值卻仍然非常驚人。

創投對於不同融資用途可能的思考

融資階段	發展階段	資金用途	投資單位
發薪水付租金	種子輪階段，通常公司還沒成立，你已經完成初步調研準備大幹一場，你需要快速找到創業合夥人，打造一個種子團隊，這些人必須共同「出錢出力」，未來有機會讓公司生根發芽。通常資金來源都是親朋好友，以出資額比例來做股權分配，也會以轉讓部分自己的股份當做技術股，邀請具有關鍵資源的夥伴加入。	籌設公司，營運費用	親朋好友
天使輪	天使輪階段（有時也稱種子輪），可能只有一個概念，或者剛運營，還沒有做出產品，或者做出產品了卻還沒大規模銷售。此時誰肯投資你，誰就是你的天使！天使輪融資會提供給創業家相對數目較小的資金，通常用來驗證其概念。使用的範圍可以包括產品開發，但很少用於初期市場行銷運作。這個時候投資人還是會看創業者背景和商業模式。	將產品原型及商業模式做出來，忌諱使用資金去買房買車等跟本業無關項目，否則錢一燒光，下一輪一定沒有成果。	天使投資基金
A輪融資	A輪階段，真正向VC拿錢的時候是在A輪，公司特徵是：有產品原型，初步推出市場，但基本還沒有盈利或者盈利很小。 類似的公司有當初的小米，就是做出產品原型就拿到資金，但公司還未獲利，這時公司產品一般相對完善了，正常運作一段時間並有完整詳細的商業模式，在行業內擁有一定地位和口碑（品牌知名度），但依舊處於虧損狀態。	拿錢就是做行銷快速搶佔市場，比你的對手快一步佔領龍頭寶座。	創投機構（VC）
B、C輪	B輪階段，公司的商業模式已經成熟，做過了一次融資，而且公司經過一輪行銷宣傳後，已獲得較大品牌聲勢，已經開始盈利。這時候VC機構更會看中你的商業模式及下一步。	拿錢就是推出新業務、拓展新領域、增加產品使用場景及提高市佔率。	上一輪的創投加碼、私募基金跟投。
Pre IPO	Pre IPO階段，已經開始準備上市了。一般投資者會看你的盈利能力和用戶規模，如果公司的市場前景好用戶多即使不盈利也會被VC看好的，比如滴滴這樣的公司，因為它的覆蓋範圍廣，應用場景廣泛，市場佔有率高，所以即使不盈利，也會有一堆的VC機構搶投。這時候，公司基本要是行業內前三把交椅。	拿錢就是拓展新業務、築高商業壁壘、準備面對IPO上市挑戰。	創投加碼、私募基金

新創融資的不同階段與發展重點

關於在哪個階段融資，每一輪融資應該將資金用在什麼地方，很多初創團隊的創業者並不清楚，因此我將公司不同階段的發展特性做一個簡單的說明。

如果到了C輪以後財務結構和規模達不到上市的要求，也可能繼續融D、E輪，此時已經融過六輪了，時間上至少過去了六、七年了，如果還未達到上市標準，這時的投資者應該已經沒有耐心了，可能會拋掉手中持股，所以說不定會有被對手併購或撤換經營權的風險。

創投是新創公司的雙面刃

創投資本對新創公司的發展帶來的加速貢獻，這是不需多言的，但別以為創投都是白衣天使，因為他們也是盈利單位，為了保障自己的利益，許多創投都會跟創業家簽訂「對賭協議」，例如兩年內必須做到怎麼樣的規模，如果到時KPI沒達到就算違約，創業家必須賠償投資金額6倍的機會成本損失。所謂的六倍是創投依過去投資報酬的平均值，就是說如果他們投資別人將會賺得本金的六倍，如果投資你卻沒做到，你必須賠償這些損失。要注意的是創投給的錢是投進公司，但違約時不是由公司進行賠償，因為創投也是股東，不會讓自己賠償自己，而是由當時簽約的創辦人進行「個人賠償」；其他條約包括「優先清償權」，當公司遇到重大經營狀況

時，創投可以將你公司賣掉，並有權拿回優先清償的費用。

大陸有個非常知名的高檔連鎖餐廳「俏江南」，當時立志要做中餐界的LV，從一間北京小餐館起家，後來遍及中國超過80家直營店，創辦人張蘭女士（藝人大S的婆婆）儼然就是中國餐飲界的女霸主。2008年時張蘭決定進行上市計劃，接受鼎暉投資公司的2億人民幣（約10億台幣）資金入股俏江南，佔股將近10%。

張蘭希望透過鼎暉的資金大量展店，獨佔大陸奢華餐廳的龍頭寶座。當時張蘭與鼎暉簽訂了投資對賭協議，就是獲得投資24個月內必須讓俏江南上市。對當時的俏江南來說就算沒有獲得投資都足以靠自己的能力上市，不疑有他的簽下了合約。只是萬萬沒想到的是，大陸開始禁奢打貪，瞬間所有的富人、官員都不敢再進俏江南這樣的奢華餐廳，業績突然下滑，最後打亂了俏江南的海外上市計劃。

以俏江南的當時的資產和品牌知名度，只要調整步伐隨時有機會東山再起，由於已簽訂對賭合約，張蘭個人必須賠償極為高昂的鼎暉投資損失。最後鼎暉啟動對賭條款，直接將俏江南83%的股權以2.86億美元賣給了倫敦最大的私募基金CVC，以拿回鼎暉的投資金作為股權處分的優先清償；但此時又觸發了另一項協議，當公司有了重大經營狀況，可以拿回經營權，83%的股權轉讓就算是一種重大經營狀況，於是上市對賭條款觸動優先清

償條款，優先清償條款又觸動重大經營狀況條款，一連串的連環計逼的張蘭被迫退出董事會失去經營權。雖然經過多年官司，張蘭最後勝訴，但俏江南也元氣大傷很難回到當年的盛況。

　　換作是創投的立場，給了10億台幣，卻只佔10%經營權，如果沒有那麼多保護投資人權益的條款，要是錢給了出去卻無法監管新創公司的負責人如何用錢，過了兩年公司倒了就像把錢丟進水裡一樣了杳無蹤跡，任誰也都不敢把錢往外借。以目前大陸創投投資企業的成功率來看，許多新創成立後唯一的收入不是來自銷售，反而是來自創投的投資金，所以創投現在也學會了保護自己，雙方在簽定合約時一定要特別注意協議的內容與條款。

創投所需承擔的投資風險

　　投資新創公司股權的目的就是為了獲利，投資一個具有潛力新創公司，投資的時間點越早，花的錢越少，未來

股權投資期間及獲利比較（以IPO時賣出股份為計算基準）

進場投資期	投資金額	成功率	投資回報
初創期（種子、天使）	低	低（5～10%）	高
成長期（A、B輪）	中	中（20～30%）	中
上市準備期（Pre-IPO輪）	高	高（50～70%）	低

賣掉股份產生的獲利空間越大，但股權投資也是一個非常高風險的事業。新創股權募資大概可分為三個階段，第一個是初創階段，第二是成長階段，第三是上市準備階段。通常天使投資人會投資初創階段的公司，VC創投會投資成長階段的公司，而PE私募基金會投資Pre-IPO到IPO階段的公司，每個階段投資的資金跟回報率也很不一樣。2004年天使投資人Peter thiel投資了FaceBook，當時投了50萬美金，現在有大約2萬倍的回報，而2011年，俄羅斯DST基金也投了臉書，現在只有2倍的回報，原因是新創公司成長後股本會越來越大，50萬美金在初創期可能值20%股份，到了快上市時大概不到0.1%。

不過獲利與風險也是相對的，各階段的成功率也不同。在初創期成功率大概只有5~10%；投資成長期企業的成功率大概有20~30%；到了快上市時成功率就提升到50~70%，越晚投資商業模式及營收報表越清晰，風險相對減少很多，只是此時企業的募資原因很可能是用來併購或壟斷市場，這樣的資金量也不是一般天使投資能負擔得起了。前期投資或是後期投資，都得看投資公司的戰略目標，有的公司喜歡投高報酬、高風險的天使輪，有的喜歡看到明確營運績效時才投資，因此新創想要尋找投資機構時，一定要先了解對方的主要投資階段再決定。

很多人都覺得創投是暴利行業，面對新創公司總是高高在上。現在的創投通常每年看幾千個新創公司的商業計畫書，但只會投資其中5~10間公司，因為創投的資金大都是委託銀行基金部門銷售募得，對投資人的投報率都

必須達到一定的要求，加上內部營運費用，其實每一筆投資要承擔的風險成本也很高。

- **基金銷售成本**：透過銀行基金部門銷售基金，募資成本1.5%。

- **資金成本**：給投資人的回報，年回報率需達9%以上。

- **基金管理費**：創投公司的營運成本，每年2%。

- **基金保管費**：募得基金放銀行必須不但不能收利息還的付保管費，每年0.5%。

- **法律及財務顧問**：每個項目都要法律及財務顧問參與0.5%。

- **投資風險**：投資10個成功一個，成本x 10倍。

- **稅金**：5%。

　　加上這幾年投資成功率越來越低，許多被投資的大公司拿到錢後就開始有恃無恐，開始放慢獲利的腳步，寧可當一個不賺錢的獨角獸也不急著IPO上市，甚至像小紅書、OFO這麼知名的企業也出現獲利困難的問題，導致創投寧可不投也不敢亂投。我有一位新創朋友曾為了爭取投資，一年在兩岸接觸了70間創投，每次創業與資本的對接大會一定參加，聽到創投對計畫有興趣就飛過去，但兩年過去仍無法獲得足夠資金，所以現在想要爭取創投青睞，一定要有足夠的獲利保證，才有機會進行合作。

創業路演：創投取得創投資金的戰場

創業家如果想要獲得創業資金，不管是天使輪或是A輪，參加「創業路演大會」或「創業競賽」是最直接的方式，在台灣也有很多這類的活動，這類的創業大會會邀請許多創投來當評審及嘉賓，並開放徵求新創公司前來說明自己的商業計劃，不管是競賽性質的或是單純發表的，只要在一群新創公司中脫穎而出，就有機會吸引創投對你的商業計劃感到興趣，並且後續達成投資協議。

商業計劃書通常是一本完整的公司營運計畫，看起來都是論述跟圖表，為的是詳細說明你公司的商業模式與營運計畫。但所謂的創業「路演（Road Show）」，比較像上台演講，透過美化過的PPT簡報，用10~15分鐘的時間去說明你公司的優勢、出讓的股份與想要融資的金額，營運計畫書需要的是詳細的文字溝通能力，但路演需要的是創業家個人演說魅力與圖文並茂的公司簡報。

其實股權融資跟大學生找工作沒什麼不同，簡單的來看就3件事：

❶ 先懂自己的估值（自我薪資與定位）

❷ 簡歷：提出商業計畫書（個人履歷）

❸ 面試：融資路演（面試）

創業路演及商業計劃書的架構

　　其實最簡單的計畫書，大概要陳述出「三痛」，所謂的三痛就是「如何解決消費者的痛點」、「如何解決市場上的痛點」，「你想透過募資解決什麼發展上痛點」。為何要關心消費者的痛點，因為如果你的產品或服務不能解決他們生活上的問題，那麼你的存在其實可有可無，無法刺激他們的剛性需求，所以未來推廣起來必定費力；而所謂的市場痛點，就是你的同業遇到的障礙是什麼，你如何解決這個問題，所以大家都在做的事，你卻能後發先至，甚至比競爭者獲得更大成功的原因是什麼；至於你自己的痛點，就是你已經找到了一個巨大商機，這件事情只要能搶先別人一步去做就能保證成功，但你需要哪些資源，例如需要資金去籌組團隊、進行研發或是品牌行銷。所以一定要把這些重點，寫進你的商業計畫書或是融資路演簡報裡，基本的結構大概包含了以下9件事。

❶ 投資亮點：你為什麼值得投資，項目的特色是什麼？

❷ 產品與服務：什麼是你公司主要利潤來源？

❸ 商業模式：你的營利模式是什麼？

❹ 目標與市場：預估能獲得什麼樣的銷售成果？

❺ 相對競爭優勢：你與競爭者的主要差別？

❻ 融資估值：使用哪種估值方式，計算出公司的股權價格？

❼ **募股分析**：你想出讓多少股權，拿到多少資金，用途為何？

❽ **退出路徑**：你的財務目標或下一輪融資規劃，創投投資一陣子後賣掉股權預計可獲利多少？

❾ **核心團隊**：你用了哪些人才打造出營運團隊？

　　投資人最關心的是性價比，「性」就是公司好不好、產品好不好、商業模式好不好、市場好不好、公司能不能賺錢；「價」就是估值合不合理，用途明不明確，要的錢是不是剛剛好，賣出股權後能賺到多少錢？例如投資公司今年打算投三億，結果你就開口要兩億，那他們就投資不了別人的公司了，形同喪失了機會成本。如果你要的錢很少，代表佔股不高以後賣掉股份獲利也不高，而且三億要投一堆公司才能投資的完，每投一家要寫一次報告，豈不麻煩。很多募資團隊從頭至尾只關心產品，但好東西不見得值得投資，商業計畫書雖然不需要全部洋洋灑灑全寫滿，但至少要寫出五、六個看起來很吸引人的特點。作為募資人，要常用外部投資者的角度去評估自己的事業，如果你桌上已經躺著一百份商業計畫書，你會不會決定從裡面挑出這間公司來投資。

　　我很鼓勵新創多參加大小型融資路演會，因為現場你會聽到很多新創公司的商業模式、遇到很多投資公司，你可以多加交流找到自己的盲點，但你也會遇到FA

（Financial Advisor），所謂FA就是財務融資顧問，他們對於各種投資公司的投資方式、投資領域非常清楚，並且關係很好。他們會幫你修改商業計畫書，調整你路演的重點，並安排你與對這項目感興趣的創投見面，FA就像是你募資的經紀人，在你拿到投資後，他們會收取你融資總額的3~5%，但卻能大大提高你募資的成功率。

新創股權激勵與資本擴張總結

瞭解了新創公司的股權激勵與資本融資策略後，身為執行長一定要知道想提高公司的價值動能，最快的方式就是利用股權分配，因為以前我們想留住人才，總是會跟員工談願景，但公司願景有多大，對員工一點意義也沒有，因為公司大了他還是你的員工，只是員工人數從幾個人變幾百個人而已，賺錢的是你不是他，所以公司願景只是空談，無法真正將員工的心留住。但是當股權有了增長性，你本來給他薪水，現在你不只給他薪水也給他成為股東的機會，當然他就會把公司的事當成了自己的事來看待，而你不是把過去自己賺的錢給他，而是激勵他努力幫公司賺錢，拿未來他幫公司賺的錢犒賞他，既留人又留心。

天下商戰唯快不破，如果你湊了100萬開了一間成功的餐廳，證明產品、團隊及商業模式都沒有問題，以前的你會等又賺到100萬再開下一家店，但現在透過股權融資，利用投資進來的資金，可以快速再開三家，獲利

能力變成四倍。由於「估值＝獲利X10倍PE」的公式，原本公司資本額100萬，出讓10%股份只拿到10萬，現在一間店一年賺100萬，四間店就賺400萬，估值就成為4000萬，你出讓10%股份現在就可以拿到400萬，再繼續開4家店，8間店個賺100萬，估值就變8000萬（800萬X10倍PE），所以再賣10%股權你就拿到800萬，再開8間店……如此循環下去，一邊用現值把過去投資你的股份買回來，一邊用未來的預估的價值把股權賣出去，速度就比對手快N倍，當街上到處都是你的店，透過市場比較法，你的估值跟麥當勞一樣就變成上千億美元的公司了。

新創公司很少有高利潤的，感覺估值很難拉高。但像行動電源這樣的成熟產品就算利潤高，但擁有者已佔6成幾乎飽和，而手機電蓄電量正不斷提高，所以未來市場必定萎縮，利潤再高也不值得投資。反而像Facebook這樣的公司，不追求短期營利，而是透過免費把用戶所有生活場景一個個的全佔了，當用戶每天打開手機就是不斷看著你的APP，他的朋友在上面、他的生活也在上面，你公司的價值還低的了嗎？

所以「現在賺錢的公司以後不一定值錢；但現在不賺錢的公司，以後未必不值錢。」新創公司可以不盈利，但一定要有「利」，而且股權要保持增長性，因為沒有增長性，不管是員工還是資本，誰都不會想擁有，這就是這個章節要講的重點。

創業新時代

小資也能輕鬆為王

總結

立業為王

想成為一個創業家
就要成為一個商場上的王
就一定要能貫通天時地利人和

想成為一個創業家，就要變成商場上的王。因為唯有在競爭激烈，殘酷的創業時代存活下來的人，才會是真正的王者。其實古人造字很有意思，「王」字構成剛好就是三橫一豎，最上面的代表「天」，下面代表「地」，中間代表的是「人」。王者的意思是上應天時、下知地理、中通人性，能夠同時貫通「天時、地利、人和」三者規律者才能稱作是王。一個人不瞭解天時就會變成「土」，連老天都不肯幫你，那就只能入土為安了；不了解「地」呢？那就是變成了「干」，意同「幹」、也同「乾」，一個企業家無立足之地就得拼命幹、努力幹、幹到死，就像劉備有了關羽、張飛，但沒有立足之地也只得顛沛流離，乾巴巴的看人成功。所謂天雨雖大不潤無根之草，佛法無邊只渡有緣之人，若你知天、知地、卻不知人呢？就只能甘願做個「工」，因為沒人真心為你打拼，就當不成老闆，不懂顧客在想什麼，產品自然賣不出去。想成為一個創業王者，就要能夠貫穿天時、地利、人和。王字這四個筆畫，同時也代表了本書所談的四個重點「企業

頂層戰略」、「創新商業模式」、「品牌行銷」和「股權資本策略」。

❶ 企業頂層戰略就是天時

你必須從高處去找出趨勢，並思考一個企業五年後的發展和佈局。中國「餓了嗎」的總裁在某次演講中提到，他這輩子打過那麼多仗，如果五年前就知道今天需要什麼並開始進行佈局，今天也不會這麼辛苦。

頂層代表的就是「天時」，要掌握趨勢不要逆天而行，從宏觀中決定企業的戰略發展方向。

❷ 創新商業模式就是地利

想要一方之土紮根，就必須對你的企業運作深耕，一個可作之田需要保持豐收（盈利），要有好的種子（產品），需要水源灌溉（金流）、需要注入養分（品牌行銷）、需要土壤生根（銷售通路）、必須擁有各種工具（核心資源）、懂得何時該翻土、何時該播種（關鍵任務），更要知道到底這些米最後要賣給誰（顧客）。

商業模式的重點就是幫你把這些元素全部組合在一起，讓企業生根發芽，絕不是有了種子隨便一撒就能開花。

❸ 品牌行銷就是人和

一個產品做出來賣不賣得掉看的是消費者買不買單。品牌行銷要搞定的對象就是消費者，透過洞察消費者的心理，整合出一個有效的行銷溝通辦法，廣告才能擊中消費者的決策神經，攔截他們的思維管道。

做行銷你不一定要學過行銷，但一定要是了解消費心理學的高手，在顧客的心裡開上一間旗艦店，就像Apple的品牌魅力，不管你想賣什麼，只要將產品放在架上，他們就會照單全收。

務必記得做行銷，短期要增進產品銷售，但長期必須不斷累積品牌資產，畢竟品牌才是顧客願意花十倍價錢買產品的原因。

❹ 股權資本策略就是中軸

一間公司從還沒開始成立就已經跟股權發生關係，你跟你的創業夥伴一人出了一半的錢，但到底誰應該占更大的比例？當有人只出錢不幹事，大家的比例仍然依據出資比例分配？那麼出錢多的占了公司90%股份，你賺的錢有90%都要分給別人，你還有獲利動能嗎？

隨著公司逐漸發展，公司會開始吸引更多人來投資，從天使輪、A輪、B輪、C輪、一直到IPO股票上市，每一個階段都會讓公司的股權價值越來越高，資金越來越多。如何妥善運用這些資金在每一個階段發揮關鍵效益，在天使輪拿錢做出產品、在A輪拿錢建立市場、在B輪拿錢壟斷市場、在C輪拿錢擴張市場、在IPO後透過錢滾錢放大市場。股權資本策略，就是內部激勵員工，外部資本擴張的企業造血功能，也就是企業家貫穿整個創業生命的重要秘密武器。

商場有一句話是這麼說的「市場是給有實力的人做的；若沒實力，市場再大跟你有什麼關係？」只要能將這四個

創業必須知道的核心知識融會貫通，你就像同時獲得了玄鐵神劍、無敵寶甲、深厚內功、蓋世絕招，不能說事業定將立於不敗之地，起碼站上投資路演的大舞台上，也不會像劉姥姥進大觀園，在創業的舞台上被當成手無寸鐵的小白。

共苦不同甘的創業新時代

沒有一間公司創業的時候不缺資金、不缺機會、不缺人力，一定有人認為這本書裡所談的都是大企業的做法，馬雲可以這樣創業，比爾蓋茲可以這樣創業，中小微企業怎麼可能照著他們的方式成功呢？

中小微企業先別說虧一年、虧兩年，等平台用戶人數高了就能透過數據獲利。大企業轉投資創業像是駱駝，可以沒水喝一整個月，但中小微企業只是兔子，兔子為了活命每天蹦蹦跳跳找商機，運動量那麼大，一天沒東西吃就剩半條命，兩天沒吃就就可能結束營業，能不能掌控現金流的能力格外重要，就算有創投願意投資你，從DD（盡職調查）到簽約說不定就得拖上半年，等到資金到位可能已經過了一年，這一年的時間對大企業就像是天上一天，只會多賺更多的錢，但對新創公司來說，可能是地獄十年，讓本來已經惡化的體質越發惡劣。因此我現在輔導創業家，我都會主張一定要選擇「低資產，高營收」的賽道，這樣的賽道也許不像Facebook、Wechat可以連續賠十年，再一年賺回十年獲利的本事，但起碼能讓你的創業撐過第一年。

這本書不是要給已經成為獨角獸的創業家看的，能成為獨角獸創業家的人，本身對於商機的嗅覺十分靈敏，地利的掌握也能水到渠成，他們對於成功的渴望也是凡人望塵莫及。這本書主要是寫給那些跟我一樣沒有資源卻想白手起家的創業家們，希望能將創業的啟蒙知識幫助更多白手起家的創業朋友，所以書裡面有些案例特意選擇像是熱炒店或小旅館這種比較貼近生活的案例，因為創業其實不一定要以那些大目標為前提，在眾籌盛行的年代，只要你有意願和勇氣，就有成功創業的機會。

　　如果一生只能創業一次，我給各位朋友的建議是看到好人才快合作，看到機會別放過。創業成功的機會是一代不如一代，當老一輩的創業家只要把產品做出來就能賣的時候，我們現在卻要花上更多的時間深思熟慮後才能確保創業成功，我相信下一代也會羨慕我們活在一個處處充滿機會的快速創新時代，更快速、更彈性、更有創意，這才是中小微企業的生存之道。什麼叫快速創新？不是產品快速創新，是盈利方式快速創新，可以賺錢的項目快速創新。這個時代能夠相信的，還是你的盈利能力、股權融資能力，因為有了錢就能讓你快速抓住機會，快速佈局快速收現；其中最重要的就是經營品牌，有了品牌賣什麼產品都能快速變成熱銷爆品。這個時代做大做強的核心關鍵就是把品牌做大，把用戶做大，把通路做大，那麼你的公司就一定強。

　　以前創業家天天想著賺錢，不管是製造還是代理，只想著把產品賣得貴一點，成本低一點好多賺點錢，老是想著如何跟銀行借錢去做出更多的產品來賣。但今天的商業發

展，已經不是物資短缺的年代，我們應該去理解消費者要什麼？為什麼要買你的產品？你的產品對他們的意義是什麼？是像衛生紙一樣不用思考就往屁股擦的，還是就算不實用當你拿出來就能享受眾人目光的？我們都知道要做品牌，但對於品牌的概念卻仍然不清晰，甚至不知道品牌是如何影響消費者決策過程的。雖然不甘願看到那些大品牌，把Logo貼在我們做出來的產品上，最後對方賺了大錢，我們也沒有分得更多利潤，卻還乞求大品牌給機會，讓我們的產品可以為他們賺錢。

也許你已經歷過創業殘酷的過程，讓很多的創業家對未來失去了想像，但這本書裡用了無數的論證、無數的推理、無數的的例子，無非就是希望能喚起你對創業的信心，喚起你對未來商業發展的想像。我希望能激發起你內心巨大的能量及源源不絕的動力；能帶給創業家「該開始了」而不是「早該結束」。如果你在創業上也遇到許多困難，相信我你並不孤單，但我們可以一起努力，為台灣的創業環境盡一份心力。

立於不敗而後戰勝

格局決定企業發展的空間，戰略決定企業布局的方向，模式決定盈利動能的效率，管理決定團隊執行的能力，金融決定資本倍增的速度。創業家唯一的工作就是打造出一套輕資產、快現金、易操作、高利潤、低風險的盈利商業模式。在企業小的時候應該把生存能力當做短期目標，把現金流視為優先考量，再隨著企業規模逐漸擴大，將創投融資能力當做發展前提，長期將品牌資產做為企業的核心

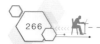

競爭力。

這本書裡所記錄的知識，連創業所必須具備的1%知識都不到，書中引用的案例更是世界上知名商業模式中的開胃小菜，只是拋磚引玉刺激大家的聯想，如果你真的想成為一名成功的創業家，還有99%的知識必須要由你在創業中親身實踐。

最後分享馬雲先生的創業守則：

第一則：公司不養閒人，團隊必須互補，每個合夥人都要有角色和意義。

第二則：創業先別想著賺錢，先學著讓自己值錢。

第三則：不能滿足消費者剛需的企業，沒有哪個賽道是好賺的。

第四則：沒有人的創業是順利的，有壓力才是正常現象。

第五則：創業賺不到錢，賺知識；賺不到知識，賺經歷；賺不到經歷，賺閱歷；以上都賺到，就不可能賺不到錢。

唯有改變自己的創業態度，才能提升企業的成長高度，只有徹底改變自己的創業思維，才能讓成功近在眼前。如果你20歲時不敢創業，不是沒夢想而是沒錢；如果你30歲時不敢創業，不是沒錢、沒夢想而是沒勇氣；如果過了40還不敢創業的原因只有一個，就是該放手一搏的時機想得太多，做得太少。

馬雲：創業不要等到明天，明天太遙遠，今天就行動！

品牌創業4.0

創業新時代，小資也能輕鬆為王

作者 / 高文振　封面設計 / 高文振

美術設計 / 瑞比特設計

行銷企劃經理 / 呂妙君　行銷專員 / 許立心

總編輯林開富社長李淑霞PCH生活旅遊事業總經理李淑霞發行人何飛鵬 出版公司墨刻出版股份有限公司 地址台北市民生東路2段141號9樓 電話 886-2-25007008 傳真886-2-25007796 EMAIL mook_service@cph.com.tw 網址 www.mook.com.tw 發行公司英屬蓋曼群島商家庭傳媒股份有限公司城邦分公司 城邦讀書花園 www.cite.com.tw 劃撥19863813 戶名書蟲股份有限公司 香港發行所城邦（香港）出版集團有限公司 地址香港灣仔洛克道193號東超商業中心1樓 電話852-2508-6231 傳真852-2578-9337 經銷商聯合股份有限公司（電話：886-2-29178022）金世盟實業股份有限公司 製版印刷 漾格科技股份有限公司 城邦書號KG4011 ISBN 978-986-289-508-5 定價380元 出版日期2019年12月初版 版權所有・翻印必究

國家圖書館出版品預行編目(CIP)資料

品牌創業4.0：創業新時代，小資也能輕鬆為王
／高文振著. – 初版. – 臺北市：墨刻出版：家庭傳媒城邦分公司發行, 2019.12
　面；　公分
ISBN 978-986-289-508-5(平裝)

1.創業 2.品牌行銷 3.行銷學

494.1　　　　　　　　　　　　　　108020643